U0160704

中国河流泥沙公报

2021

中华人民共和国水利部　编著

中国水利水电出版社
www.waterpub.com.cn
·北京·

图书在版编目（ＣＩＰ）数据

中国河流泥沙公报. 2021 / 中华人民共和国水利部
编著. -- 北京 : 中国水利水电出版社，2022.6
　　ISBN 978-7-5226-0757-3

　　Ⅰ．①中… Ⅱ．①中… Ⅲ．①河流泥沙－研究－中国
－2021 Ⅳ．①TV152

中国版本图书馆CIP数据核字(2022)第095075号

审图号：GS京（2022）0021号

责任编辑：宋晓

书　　　名	中国河流泥沙公报 2021 ZHONGGUO HELIU NISHA GONGBAO 2021
作　　　者	中华人民共和国水利部 编著
出 版 发 行	中国水利水电出版社
	（北京市海淀区玉渊潭南路 1 号 D 座　100038）
	网址：www.waterpub.com.cn
	E-mail：sales@mwr.gov.cn
	电话：(010) 68545888（营销中心）
经　　　售	北京科水图书销售有限公司
	电话：(010) 68545874、63202643
	全国各地新华书店和相关出版物销售网点
排　　　版	中国水利水电出版社装帧出版部
印　　　刷	河北鑫彩博图印刷有限公司
规　　　格	210mm×285mm　16 开本　5.5 印张　166 千字
版　　　次	2022 年 6 月第 1 版　2022 年 6 月第 1 次印刷
印　　　数	0001—1500 册
定　　　价	48.00 元

凡购买我社图书，如有缺页、倒页、脱页的，本社营销中心负责调换

1. 《中国河流泥沙公报》（以下简称《泥沙公报》）中各流域水沙状况系根据河流选择的水文控制站实测径流量和实测输沙量与多年平均值的比较进行描述。

2. 河流中运动的泥沙一般分为悬移质（悬浮于水中运动）与推移质（沿河底推移运动）两种。《泥沙公报》中的输沙量一般是指悬移质部分，不包括推移质。

3. 《泥沙公报》中描写河流泥沙的主要物理量及其定义如下：

流　　量——单位时间内通过某一过水断面的水量（立方米／秒）；

径 流 量——一定时段内通过河流某一断面的水量（立方米）；

输 沙 量——一定时段内通过河流某一断面的泥沙质量（吨）；

输沙模数——时段总输沙量与相应集水面积的比值[吨／（年·平方公里）]；

含 沙 量——单位体积浑水中所含干沙的质量（千克／立方米）；

中数粒径——泥沙颗粒组成中的代表性粒径（毫米），小于等于该粒径的泥沙占总质量的 50%。

4. 河流泥沙测验按相关技术规范进行。一般采用断面取样法配合流量测验求算断面单位时间内悬移质的输沙量，并根据水、沙过程推算日、月、年等的输沙量。同时进行泥沙颗粒级配分析，求得泥沙粒径特征值。河床与水库的冲淤变化一般采用断面法测量与推算。

5. 本期《泥沙公报》中除高程专门说明者外，均采用 1985 国家高程基准。

6. 本期《泥沙公报》的多年平均值除另有说明外，一般是指 1950—2020 年实测值的平均数值，如实测起始年份晚于 1950 年，则取实测起始年份至 2020 年的平均值；近 10 年平均值是指 2012—2021 年实测值的平均数值；基本持平是指径流量和输沙量的变化幅度不超过 5%。

7. 本期《泥沙公报》发布的泥沙信息不包含香港特别行政区、澳门特别行政区和台湾省的河流泥沙信息。

8. 本期《泥沙公报》参加编写单位为长江水利委员会、黄河水利委员会、淮河水利委员会、海河水利委员会、珠江水利委员会、松辽水利委员会、太湖流域管理局的水文局，北京、天津、河北、内蒙古、山东、黑龙江、辽宁、吉林、新疆、甘肃、陕西、河南、湖北、安徽、湖南、浙江、江西、福建、云南、广西、广东、青海、贵州、海南等省（自治区、直辖市）水文（水资源）（勘测）（管理）局（中心、站、总站）。

《泥沙公报》编写组由水利部水文司、水利部水文水资源监测预报中心、国际泥沙研究培训中心与各流域管理机构水文局有关人员组成。

编 写 说 明

综　　述

　　本期《泥沙公报》的编报范围包括长江、黄河、淮河、海河、珠江、松花江、辽河、钱塘江、闽江、塔里木河、黑河和疏勒河等 12 条河流及青海湖区。内容包括河流主要水文控制站的年径流量、年输沙量及其年内分布和洪水泥沙特征，重点河段冲淤变化，重要水库及湖泊冲淤变化和重要泥沙事件。

　　本期《泥沙公报》所编报的主要河流代表水文站（以下简称代表站）2021 年总径流量为 14270 亿立方米（表 1），与多年平均年径流量 14280 亿立方米基本持平，与近 10 年平均年径流量 14750 亿立方米基本持平，较 2020 年径流量 16550 亿立方米减小 14%；代表站年总输沙量为 3.31 亿

表 1　2021 年主要河流代表水文站与实测水沙特征值

河　流	代表水文站	控制流域面积（万平方公里）	年径流量（亿立方米）			年输沙量（万吨）		
			多年平均	近 10 年平均	2021 年	多年平均	近 10 年平均	2021 年
长江	大通	170.54	8983	9397	9646	35100	12200	10200
黄河	潼关	68.22	335.3	314.6	395.1	92100	18300	17100
淮河	蚌埠＋临沂	13.16	282.0	258.9	427.4	997	383	457
海河	石匣里＋响水堡＋滦县＋下会＋张家坟＋阜平＋小觉＋观台＋元村集	14.43	73.68	42.63	145.8	3770	229	992
珠江	高要＋石角＋博罗＋潮安＋龙塘	45.11	3138	3135	1867	6980	2430	652
松花江	哈尔滨＋秦家＋牡丹江	42.18	480.2	550.6	908.8	692	563	1030
辽河	铁岭＋新民＋邢家窝棚＋唐马寨	14.87	74.15	69.34	100.8	1490	218	273
钱塘江	兰溪＋上虞东山＋诸暨	2.43	218.3	252.8	254.8	275	349	278
闽江	竹岐＋永泰(清水壑)	5.85	576.0	597.8	402.1	576	211	136
塔里木河	阿拉尔＋焉耆	15.04	72.76	76.17	74.78	2050	1150	1480
黑河	莺落峡	1.00	16.67	20.57	17.42	193	102	3.30
疏勒河	昌马堡＋党城湾	2.53	14.02	18.65	18.06	421	491	506
青海湖	布哈河口＋刚察	1.57	12.18	19.87	14.7	49.9	76.4	36.9
合计		396.93	14280	14750	14270	145000	36700	33100

注　松花江流域的代表站由佳木斯站改为哈尔滨站＋秦家站＋牡丹江站。

吨，较多年平均年输沙量 14.5 亿吨偏小 77%，较近 10 年平均年输沙量 3.67 亿吨偏小 10%，较 2020 年输沙量 4.65 亿吨减小 29%。其中，2021 年长江和珠江代表站的径流量分别占代表站年总径流量的 68% 和 13%；长江和黄河代表站的年输沙量分别占代表站年总输沙量的 31% 和 52%；2021 年黄河、塔里木河和疏勒河代表站平均含沙量较大，分别为 4.33 千克 / 立方米、1.98 千克 / 立方米和 2.80 千克 / 立方米，其他河流代表站平均含沙量均小于 0.680 千克 / 立方米。

长江流域代表站 2021 年实测径流量和实测输沙量分别为 9646 亿立方米和 10200 万吨。2021 年长江干流主要水文控制站实测水沙特征值与多年平均值比较，直门达、宜昌、沙市、汉口和大通各站年径流量偏大 7% ~ 48%，向家坝站和朱沱站分别偏小 14% 和 9%，其他站基本持平；直门达站年输沙量偏大 35%，其他站偏小 20% ~ 99%。2021 年度重庆主城区河段泥沙淤积量为 154.1 万立方米。2021 年三峡水库库区泥沙淤积量为 7160 万吨，水库排沙比为 13%；丹江口水库库区泥沙淤积量为 2560 万吨，水库排沙比为 1%。2021 年洞庭湖湖区泥沙冲刷量为 315 万吨，湖区冲刷比为 39%；鄱阳湖湖区泥沙淤积量为 159 万吨，湖区淤积比为 31%。

黄河流域代表站 2021 年实测径流量和实测输沙量分别为 395.1 亿立方米和 17100 万吨。2021 年黄河干流主要水文控制站实测水沙特征值与多年平均值比较，头道拐站年径流量基本持平，龙门站偏小 8%，其他站偏大 9% ~ 53%；各站年输沙量偏小 20% ~ 91%。2021 年度内蒙古河段巴彦高勒站断面表现为冲刷，其他典型断面表现为淤积；黄河下游河道冲刷量为 1.514 亿立方米，引水量和引沙量分别为 91.92 亿立方米和 2310 万吨。2021 年度三门峡水库干流段冲刷量为 0.878 亿立方米；小浪底水库淤积量为 1.151 亿立方米。

淮河流域代表站 2021 年实测径流量和实测输沙量分别为 427.4 亿立方米和 457 万吨。与多年平均值比较，2021 年代表站径流量偏大 52%，年输沙量偏小 54%。

海河流域代表站 2021 年实测径流量和实测输沙量分别为 145.8 亿立方米和 992 万吨。与多年平均值比较，2021 年代表站径流量偏大 98%，年输沙量偏小 74%。

珠江流域代表站 2021 年实测径流量和实测输沙量分别为 1867 亿立

方米和 652 万吨。与多年平均值比较，2021 年代表站径流量和输沙量分别偏小 41% 和 91%。

松花江流域代表站 2021 年实测径流量和实测输沙量分别为 908.8 亿立方米和 1030 万吨。与多年平均值比较，2021 年代表站径流量和输沙量分别偏大 89% 和 49%。

辽河流域代表站 2021 年实测径流量和实测输沙量分别为 100.8 亿立方米和 273 万吨。与多年平均值比较，2021 年代表站径流量偏大 36%，年输沙量偏小 82%。

钱塘江流域代表站 2021 年实测径流量和实测输沙量分别为 254.8 亿立方米和 278 万吨。与多年平均值比较，2021 年代表站径流量偏大 17%，年输沙量基本持平。

闽江流域代表站 2021 年实测径流量和实测输沙量分别为 402.1 亿立方米和 136 万吨。与多年平均值比较，2021 年代表站径流量和输沙量分别偏小 30% 和 76%。

塔里木河流域代表站 2021 年实测径流量和实测输沙量分别为 74.78 亿立方米和 1480 万吨。与多年平均值比较，2021 年代表站径流量基本持平，年输沙量偏小 28%。

黑河流域代表站 2021 年实测径流量和实测输沙量分别为 17.42 亿立方米和 3.30 万吨。与多年平均值比较，2021 年代表站径流量基本持平，年输沙量偏小 98%。

疏勒河流域代表站 2021 年实测径流量和实测输沙量分别为 18.06 亿立方米和 506 万吨。与多年平均值比较，2021 年代表站径流量和输沙量分别偏大 29% 和 20%。

青海湖区代表站 2021 年实测径流量和实测输沙量分别为 14.7 亿立方米和 36.9 万吨。与多年平均值比较，2021 年代表站径流量偏大 21%，年输沙量偏小 26%。

2021 年主要泥沙事件包括：长江干流及主要支流河道发生崩岸，金沙江干、支流多座重要水库进行初期蓄水；黄河中下游发生严重秋汛，黄河通过水库联合调度实施汛前调水调沙；海河流域卫河发生洪水导致左堤出现漫溢决口。

目录

编写说明

综述

封面：永定河屈家店水利枢纽（海河水利委员会　提供）

封底：黄河下游控导工程（于澜　摄）

正文图片：参编单位提供

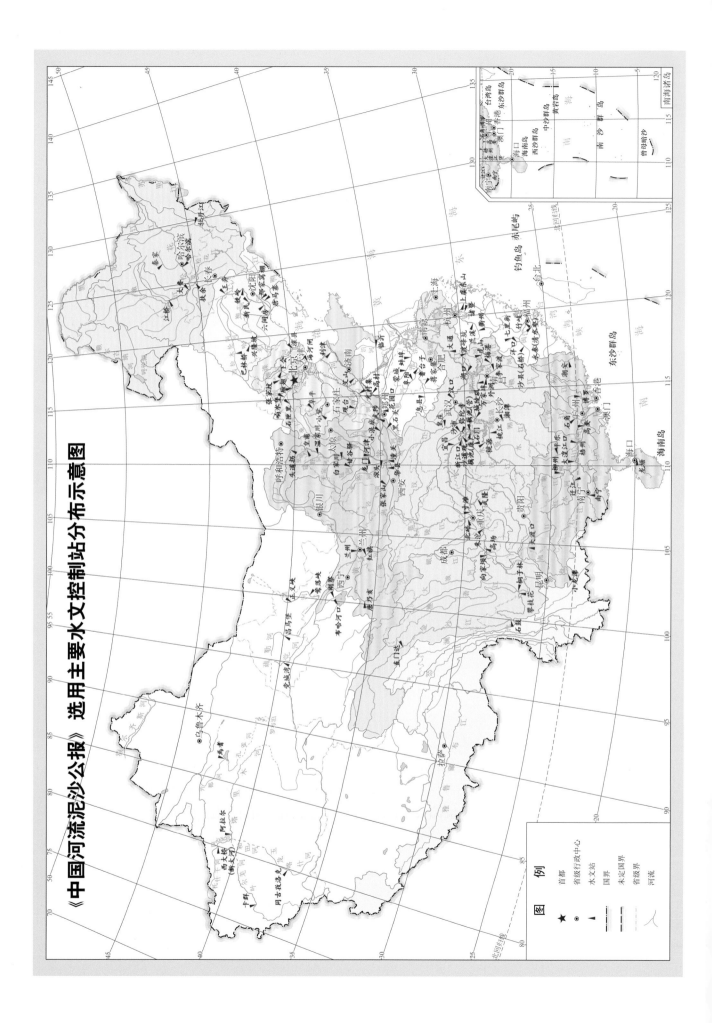

《中国河流泥沙公报》选用主要水文控制站分布示意图

金沙江乌东德水电站（朱玲玲　提供）

第一章　长江

一、概述

2021 年长江干流主要水文控制站实测水沙特征值与多年平均值比较，直门达、宜昌、沙市、汉口和大通各站年径流量偏大 7%～48%，向家坝站和朱沱站分别偏小 14% 和 9%，其他站基本持平；直门达站年输沙量偏大 35%，其他站偏小 20%～99%。与近 10 年平均值比较，2021 年直门达站和汉口站径流量分别偏大 17% 和 7%，向家坝站和朱沱站分别偏小 11% 和 10%，其他站基本持平；直门达站年输沙量基本持平，其他站偏小 16%～93%。与上年度比较，2021 年各站径流量减小 10%～23%，年输沙量减小 15%～77%。

2021 年长江主要支流水文控制站实测水沙特征值与多年平均值比较，嘉陵江北碚、乌江武隆和汉江皇庄各站年径流量偏大 7%～67%，雅砻江桐子林站偏小 7%，岷江高场站基本持平；各站年输沙量偏小 38%～88%。与近 10 年平均值比较，2021 年北碚站和皇庄站径流量分别偏大 54% 和 94%，桐子林站和高场站均偏小 6%，武隆站基本持平；北碚站和皇庄站年输沙量分别偏大 60% 和 318%，桐子林、高场和武隆各站偏小 7%～53%。与上年度比较，2021 年北碚站和皇庄站径流量分别增大 24% 和 83%，其他站减小 20%～25%；皇庄站年输沙量增大 382%，其他站减小 36%～82%。

2021 年洞庭湖区和鄱阳湖区主要水文控制站实测水沙特征值与多年平均值比较，洞庭湖区沅江桃源站年径流量偏大 18%，资水桃江站和澧水石门站基本持平，其他站偏小 6%～90%；各站年输沙量偏小 69%～100%。鄱阳湖区饶河虎山站和饶河渡峰坑站年径流量分别偏大 24% 和 7%，信江梅港站和修水万家埠站基本持平，其他站偏小 10%～29%；虎山站年输沙量偏大 143%，其他站偏小 18%～85%。与近 10 年平均值比较，2021 年松滋河（东）沙道观站径流量偏大 14%，湘江湘潭、虎渡河弥陀寺和安乡河藕池（康）各站偏小 14%～26%，其他站基本持平；各站年输沙量偏小 6%～67%。鄱阳湖区虎山站年径流量偏大 10%，梅港站基本持平，其他站偏小 9%～33%；虎山站年输沙量偏大 11%，其他站偏小 12%～57%。与上年度比较，2021 年湘潭站年径流量基本持平，其他站减小 10%～71%；湘潭站和桃江站年输沙量分别增大 27% 和 59%，洞庭湖湖口城陵矶站基本持平，其他站减小 57%～91%。鄱阳湖区梅港站年径流量增大 6%，虎山站基本持平，其他站减小 12%～32%；湖口水道湖口站和梅港站年输沙量基本持平，其他站减小 16%～70%。

2021 年度重庆主城区河段泥沙淤积量为 154.1 万立方米。2021 年三峡水库库区泥沙淤积量为 7160 万吨，水库排沙比为 13%；丹江口水库库区泥沙淤积量为 2560 万吨，水库排沙比为 1%。2021 年洞庭湖湖区泥沙冲刷量为 315 万吨，湖区冲刷比为 39%；鄱阳湖湖区泥沙淤积量为 159 万吨，湖区淤积比为 31%。

2021 年主要泥沙事件为长江干流及主要支流河道发生崩岸，金沙江干支流多座重要水库进行初期蓄水。

二、径流量与输沙量

（一）2021 年实测水沙特征值

1. 长江干流

2021 年长江干流主要水文控制站实测水沙特征值与多年平均值、近 10 年平均值及 2020 年值的比较见表 1-1 和图 1-1。

2021 年长江干流主要水文控制站实测径流量与多年平均值比较，直门达、宜昌、沙市、汉口和大通各站分别偏大 48%、9%、11%、11% 和 7%，石鼓、攀枝花和寸滩各站基本持平，向家坝站和朱沱站分别偏小 14% 和 9%；与近 10 年平均值比较，直门达站和汉口站年径流量分别偏大 17% 和 7%，石鼓、攀枝花、寸滩、宜昌、沙市和大通各站基本持平，向家坝站和朱沱站偏小 11% 和 10%；与上年度比较，直门达、石鼓、攀枝花、向家坝、朱沱、寸滩、宜昌、沙市、汉口和大通各站年径流量分别减小 13%、13%、10%、23%、23%、15%、13%、13%、11% 和 14%。

2021 年长江干流主要水文控制站实测输沙量与多年平均值比较，直门达站偏大 35%，石鼓、攀枝花、向家坝、朱沱、寸滩、宜昌、沙市、汉口和大通各站分别偏小 20%、98%、99%、91%、79%、97%、95%、80% 和 71%；与近 10 年平均值比较，直门达站年输沙量基本持平，石鼓、攀枝花、向家坝、朱沱、寸滩、宜昌、沙市、汉口和大通各站分别偏小 38%、84%、93%、63%、23%、45%、45%、18% 和 16%；与上年度比较，直门达、石鼓、攀枝花、向家坝、朱沱、寸滩、宜昌、沙市、汉口和大通各站年输沙量分别减小 31%、66%、57%、15%、77%、61%、76%、70%、27% 和 38%。

表 1-1 长江干流主要水文控制站实测水沙特征值对比

水文控制站		直门达	石鼓	攀枝花	向家坝	朱沱	寸滩	宜昌	沙市	汉口	大通
控制流域面积（万平方公里）		13.77	21.42	25.92	45.88	69.47	86.66	100.55		148.80	170.54
年径流量（亿立方米）	多年平均	134.0 (1957—2020年)	426.8 (1952—2020年)	568.4 (1966—2020年)	1425 (1956—2020年)	2668 (1954—2020年)	3448 (1950—2020年)	4330 (1950—2020年)	3932 (1955—2020年)	7074 (1954—2020年)	8983 (1950—2020年)
	近10年平均	170.3	439.7	579.4	1388	2716	3518	4497	4133	7320	9397
	2020年	227.5	515.4	647.9	1586	3179	4221	5442	4978	8794	11180
	2021年	198.4	449.0	583.0	1229	2440	3605	4723	4352	7829	9646
年输沙量（亿吨）	多年平均	0.100 (1957—2020年)	0.268 (1958—2020年)	0.430 (1966—2020年)	2.06 (1956—2020年)	2.51 (1956—2020年)	3.53 (1953—2020年)	3.76 (1950—2020年)	3.26 (1956—2020年)	3.17 (1954—2020年)	3.51 (1951—2020年)
	近10年平均	0.130	0.345	0.055	0.164	0.613	0.950	0.201	0.326	0.790	1.22
	2020年	0.197	0.628	0.021	0.013	0.982	1.87	0.468	0.587	0.886	1.64
	2021年	0.135	0.214	0.009	0.011	0.229	0.735	0.111	0.178	0.644	1.02
年平均含沙量（千克/立方米）	多年平均	0.745 (1957—2020年)	0.631 (1958—2020年)	0.754 (1966—2020年)	1.44 (1956—2020年)	0.946 (1956—2020年)	1.03 (1953—2020年)	0.869 (1950—2020年)	0.831 (1956—2020年)	0.448 (1954—2020年)	0.392 (1951—2020年)
	2020年	0.868	1.22	0.033	0.008	0.308	0.444	0.086	0.118	0.101	0.146
	2021年	0.682	0.478	0.015	0.009	0.094	0.204	0.024	0.041	0.082	0.106
年平均中数粒径（毫米）	多年平均		0.016 (1987—2020年)	0.013 (1987—2020年)	0.013 (1987—2020年)	0.011 (1987—2020年)	0.010 (1987—2020年)	0.008 (1987—2020年)	0.019 (1987—2020年)	0.012 (1987—2020年)	0.011 (1987—2020年)
	2020年		0.016	0.010	0.009	0.013	0.012	0.009	0.014	0.012	0.018
	2021年		0.012	0.009	0.016	0.012	0.012	0.007	0.013	0.011	0.021
输沙模数［吨/（年·平方公里）］	多年平均	72.6 (1957—2020年)	125 (1958—2020年)	166 (1966—2020年)	449 (1956—2020年)	361 (1956—2020年)	407 (1953—2020年)	374 (1950—2020年)		213 (1954—2020年)	206 (1951—2020年)
	2020年	143	293	8.18	2.72	141	216	46.5		59.5	96.2
	2021年	98.0	99.9	3.48	2.38	33.0	84.8	11.0		43.3	59.8

2. 长江主要支流

2021 年长江主要支流水文控制站实测水沙特征值与多年平均值、近 10 年平均值及 2020 年值的比较见表 1-2 和图 1-2。

2021 年长江主要支流水文控制站实测径流量与多年平均值比较，嘉陵江北碚、乌江武隆和汉江皇庄各站分别偏大 67%、7% 和 61%，雅砻江桐子林站偏小 7%，岷江高场站基本持平；与近 10 年平均值比较，北碚站和皇庄站年径流量分别偏大 54% 和 94%，桐子林站和高场站均偏小 6%，武隆站基本持平；与上年度比较，北碚站和皇庄站年径流量分别增大 24% 和 83%，桐子林、高场和武隆各站分别减小 20%、25% 和 22%。

2021 年长江主要支流水文控制站实测输沙量与多年平均值比较，桐子林、高场、北碚、武隆和皇庄各站年输沙量分别偏小 60%、72%、38%、88% 和 61%；与近 10 年平均值比较，北碚站和皇庄站年输沙量分别增大 60% 和 318%，桐子林、高场和武隆各站分别偏小 53%、49% 和 7%；与上年度比较，皇庄站年输沙量增大 382%，桐子林、高场、北碚和武隆各站分别减小 60%、82%、36% 和 60%。

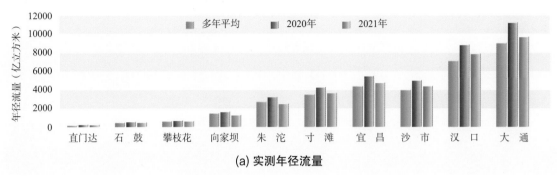

(a) 实测年径流量

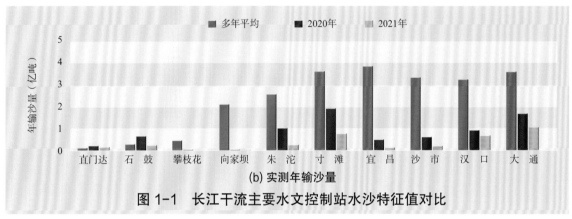

(b) 实测年输沙量

图 1-1 长江干流主要水文控制站水沙特征值对比

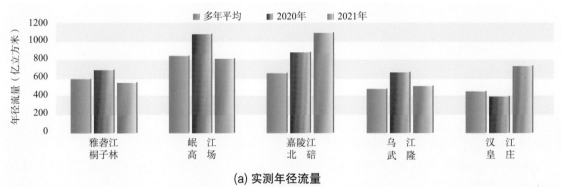

(a) 实测年径流量

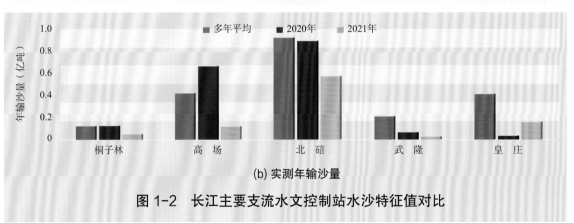

(b) 实测年输沙量

图 1-2 长江主要支流水文控制站水沙特征值对比

表 1-2　长江主要支流水文控制站实测水沙特征值对比

河　　流		雅砻江	岷　江	嘉陵江	乌　江	汉　江
水文控制站		桐子林	高　场	北　碚	武　隆	皇　庄
控制流域面积（万平方公里）		12.84	13.54	15.67	8.30	14.21
年径流量（亿立方米）	多年平均	595.2 （1999—2020年）	847.9 （1956—2020年）	657.4 （1956—2020年）	485.6 （1956—2020年）	458.2 （1950—2020年）
	近10年平均	592.0	869.4	713.5	494.2	378.3
	2020年	693.9	1086	886.7	666.8	402.6
	2021年	554.4	816.7	1101	517.4	735.6
年输沙量（亿吨）	多年平均	0.122 （1999—2020年）	0.419 （1956—2020年）	0.922 （1956—2020年）	0.210 （1956—2020年）	0.412 （1951—2020年）
	近10年平均	0.105	0.229	0.357	0.028	0.038
	2020年	0.124	0.663	0.892	0.065	0.033
	2021年	0.049	0.117	0.572	0.026	0.159
年平均含沙量（千克/立方米）	多年平均	0.206 （1999—2020年）	0.494 （1956—2020年）	1.40 （1956—2020年）	0.433 （1956—2020年）	0.899 （1951—2020年）
	2020年	0.179	0.612	1.01	0.098	0.083
	2021年	0.089	0.144	0.519	0.050	0.216
年平均中数粒径（毫米）	多年平均		0.016 （1987—2020年）	0.008 （2000—2020年）	0.008 （1987—2020年）	0.045 （1987—2020年）
	2020年		0.013	0.011	0.009	0.015
	2021年		0.011	0.010	0.009	0.014
输沙模数[吨/(年·平方公里)]	多年平均	95.0 （1999—2020年）	310 （1956—2020年）	588 （1956—2020年）	253 （1956—2020年）	290 （1951—2020年）
	2020年	96.6	490	569	78.8	23.4
	2021年	38.4	86.4	365	31.4	112

3. 洞庭湖区

2021年洞庭湖区主要水文控制站实测水沙特征值与多年平均值、近10年平均值及2020年值的比较见表1-3和图1-3。

2021年洞庭湖区主要水文控制站实测径流量与多年平均值比较，沅江桃源站偏大18%，湘江湘潭站偏小11%，资水桃江站和澧水石门站基本持平；荆江河段松滋口、太平口和藕池口（以下简称"三口"）区域内，新江口、沙道观、弥陀寺、藕池（康）和藕池（管）各站分别偏小6%、26%、61%、90%和60%；洞庭湖湖口城陵矶站偏小6%。与近10年平均值比较，2021年桃江、桃源和石门各站径流量基本持平，湘潭站偏小14%；荆江三口沙道观站偏大14%，弥陀寺站和藕池（康）站分别偏小20%和26%，藕池（管）站和新江口站基本持平；城陵矶站基本持平。与上年度比较，2021年桃江、桃源和石门各站径流量分别减小10%、17%和31%，湘潭站基本持平；荆江三口各站分别减小30%、38%、39%、71%和44%；城陵矶站减小22%。

表 1-3　洞庭湖区主要水文控制站实测水沙特征值对比

河　流	湘江	资水	沅江	澧水	松滋河（西）	松滋河（东）	虎渡河	安乡河	藕池河	洞庭湖湖口
水文控制站	湘潭	桃江	桃源	石门	新江口	沙道观	弥陀寺	藕池（康）	藕池（管）	城陵矶
控制流域面积（万平方公里）	8.16	2.67	8.52	1.53						
年径流量（亿立方米） 多年平均	660.7 (1950-2020年)	229.0 (1951-2020年)	648.0 (1951-2020年)	147.9 (1950-2020年)	292.4 (1955-2020年)	96.00 (1955-2020年)	143.1 (1953-2020年)	23.43 (1950-2020年)	289.4 (1950-2020年)	2842 (1951-2020年)
近10年平均	686.0	234.3	731.2	154.2	269.3	62.40	70.74	3.179	114.8	2729
2020年	589.4	266.8	921.7	220.9	391.3	115.6	93.18	8.128	208.6	3404
2021年	587.3	239.4	765.1	151.7	275.4	71.23	56.48	2.362	116.1	2670
年输沙量（万吨） 多年平均	875 (1953-2020年)	177 (1953-2020年)	883 (1952-2020年)	474 (1953-2020年)	2510 (1955-2020年)	1000 (1955-2020年)	1360 (1954-2020年)	311 (1956-2020年)	3920 (1956-2020年)	3630 (1951-2020年)
近10年平均	436	72.0	140	105	282	77.8	68.6	4.70	180	1820
2020年	171	22.6	176	403	661	210	148	14.1	506	1100
2021年	217	35.9	76.0	38.2	265	49.0	31.2	1.54	91.4	1120
年平均含沙量（千克/立方米） 多年平均	0.133 (1953-2020年)	0.078 (1953-2020年)	0.136 (1952-2020年)	0.321 (1953-2020年)	0.858 (1955-2020年)	1.04 (1955-2020年)	0.983 (1954-2020年)	1.93 (1956-2020年)	1.59 (1956-2020年)	0.128 (1951-2020年)
2020年	0.029	0.008	0.019	0.183	0.169	0.182	0.158	0.173	0.242	0.032
2021年	0.037	0.015	0.010	0.025	0.096	0.069	0.054	0.065	0.079	0.042
年平均中数粒径（毫米） 多年平均	0.027 (1987-2020年)	0.031 (1987-2020年)	0.012 (1987-2020年)	0.017 (1987-2020年)	0.009 (1987-2020年)	0.008 (1990-2020年)	0.008 (1990-2020年)	0.010 (1990-2020年)	0.011 (1987-2020年)	0.005 (1987-2020年)
2020年	0.008	0.012	0.009	0.011	0.010	0.010	0.011	0.010	0.012	0.010
2021年	0.011	0.011	0.009	0.011	0.012	0.011	0.010	0.010	0.011	0.010
输沙模数[吨/(年·平方公里)] 多年平均	107 (1953-2020年)	66.3 (1953-2020年)	104 (1952-2020年)	310 (1953-2020年)						
2020年	20.9	8.45	20.7	263						
2021年	26.6	13.4	8.92	25.0						

　　2021 年洞庭湖区主要水文控制站实测输沙量与多年平均值比较，湘潭、桃江、桃源和石门各站分别偏小 75%、80%、91% 和 92%；荆江三口新江口、沙道观、弥陀寺、藕池（康）和藕池（管）各站分别偏小 89%、95%、98%、近 100% 和 98%；城陵矶站偏小 69%。与近 10 年平均值比较，2021 年湘潭、桃江、桃源和石门各站输沙量分别偏小 50%、50%、46% 和 64%；荆江三口各站分别偏小 6%、37%、55%、67% 和 49%；城陵矶站偏小 38%。与上年度比较，2021 年湘潭站和桃江站输沙量分别增大 27% 和 59%，桃源站和石门站分别减小 57% 和 91%；荆江三口各站分别减小 60%、77%、79%、89% 和 82%；城陵矶站基本持平。

4. 鄱阳湖区

　　2021 年鄱阳湖区主要水文控制站实测水沙特征值与多年平均值、近 10 年平均值及 2020 年值的比较见表 1-4 和图 1-4。

　　2021 年鄱阳湖区主要水文控制站实测径流量与多年平均值比较，饶河虎山站和饶河渡峰坑站分别偏大 24% 和 7%，赣江外洲、抚河李家渡和湖口水道湖口各站分别

(a) 实测年径流量

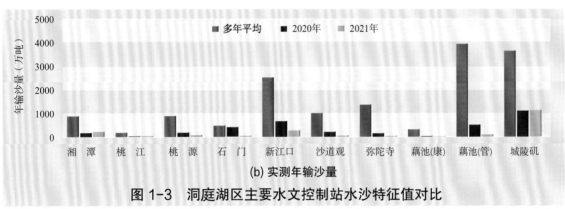

(b) 实测年输沙量

图 1-3　洞庭湖区主要水文控制站水沙特征值对比

(a) 实测年径流量

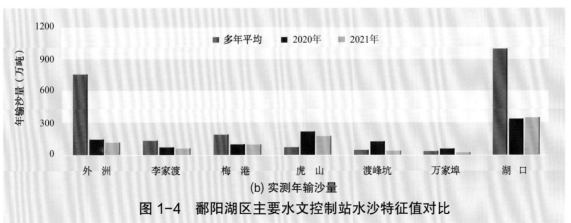

(b) 实测年输沙量

图 1-4　鄱阳湖区主要水文控制站水沙特征值对比

表 1-4　鄱阳湖区主要水文控制站实测水沙特征值对比

河　流		赣江	抚河	信江	饶河	饶河	修水	湖口水道
水文控制站		外洲	李家渡	梅港	虎山	渡峰坑	万家埠	湖口
控制流域面积 （万平方公里）		8.09	1.58	1.55	0.64	0.50	0.35	16.22
年径流量 （亿立方米）	多年平均	689.2 (1950—2020年)	128.2 (1953—2020年)	181.8 (1953—2020年)	72.14 (1953—2020年)	47.58 (1953—2020年)	35.83 (1953—2020年)	1518 (1950—2020年)
	近10年平均	737.8	136.9	199.9	81.35	56.01	42.45	1662
	2020年	622.9	112.4	178.8	89.93	74.15	47.66	1547
	2021年	491.9	97.04	190.4	89.66	50.71	35.32	1361
年输沙量 （万吨）	多年平均	759 (1956—2020年)	135 (1956—2020年)	191 (1955—2020年)	72.3 (1956—2020年)	46.2 (1956—2020年)	34.9 (1957—2020年)	1000 (1952—2020年)
	近10年平均	199	119	110	158	60.6	31.2	819
	2020年	146	72.2	99.9	220	126	58.7	341
	2021年	117	61.0	97.1	176	38.0	22.0	352
年平均 含沙量 （千克/立方米）	多年平均	0.111 (1956—2020年)	0.108 (1956—2020年)	0.107 (1955—2020年)	0.100 (1956—2020年)	0.097 (1956—2020年)	0.099 (1957—2020年)	0.066 (1952—2020年)
	2020年	0.024	0.064	0.056	0.244	0.170	0.123	0.022
	2021年	0.024	0.063	0.051	0.196	0.075	0.062	0.026
年平均 中数粒径 （毫米）	多年平均	0.043 (1987—2020年)	0.046 (1987—2020年)	0.015 (1987—2020年)				0.007 (2006—2020年)
	2020年	0.009	0.012	0.012				0.011
	2021年	0.010	0.014	0.010				0.013
输沙模数 [吨/（年·平方公里）]	多年平均	93.8 (1956—2020年)	85.4 (1956—2020年)	123 (1955—2020年)	113 (1956—2020年)	92.4 (1956—2020年)	99.7 (1957—2020年)	61.7 (1952—2020年)
	2020年	18.0	45.7	64.3	345	251	165	21.0
	2021年	14.5	38.6	62.5	276	75.8	62.0	21.7

偏小 29%、24% 和 10%，信江梅港站和修水万家埠站基本持平；与近 10 年平均值比较，虎山站年径流量偏大 10%，外洲、李家渡、渡峰坑、万家埠和湖口各站分别偏小 33%、29%、9%、17% 和 18%，梅港站基本持平；与上年度比较，梅港站年径流量增大 6%，外洲、李家渡、渡峰坑、万家埠和湖口各站分别减小 21%、14%、32%、26% 和 12%，虎山站基本持平。

2021 年鄱阳湖区主要水文控制站实测输沙量与多年平均值比较，虎山站偏大 143%，外洲、李家渡、梅港、渡峰坑、万家埠和湖口各站分别偏小 85%、55%、49%、18%、37% 和 65%；与近 10 年平均值比较，虎山站年输沙量偏大 11%，外洲、李家渡、梅港、渡峰坑、万家埠和湖口各站分别偏小 41%、49%、12%、37%、29% 和 57%；与上年度比较，梅港站和湖口站年输沙量基本持平，外洲、李家渡、虎山、渡峰坑和万家埠各站分别减小 20%、16%、20%、70% 和 63%。

（二）径流量与输沙量年内变化

1. 长江干流

2021 年长江干流主要水文控制站逐月径流量与输沙量的变化见图 1-5。2021 年长

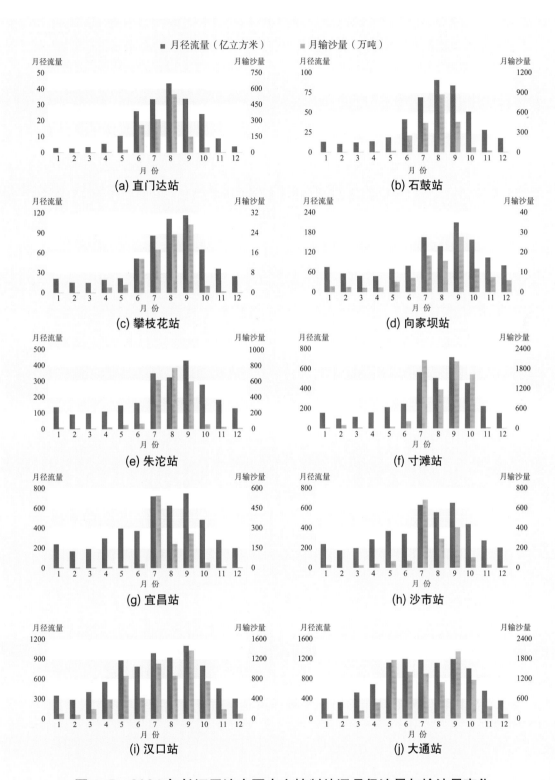

图 1-5　2021 年长江干流主要水文控制站逐月径流量与输沙量变化

江干流主要水文控制站直门达、石鼓、攀枝花、向家坝、朱沱、寸滩、宜昌、沙市、汉口和大通各站的径流量与输沙量主要集中在5—10月，分别占全年的66%～86%和79%～100%。

2. 长江主要支流

2021年长江主要支流水文控制站逐月径流量与输沙量的变化见图1-6。2021年长

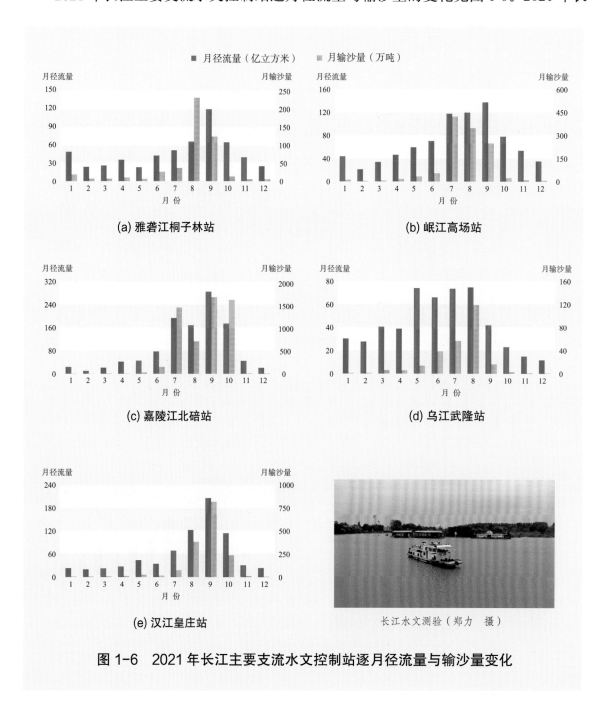

图1-6 2021年长江主要支流水文控制站逐月径流量与输沙量变化

江主要支流水文控制站桐子林、高场、北碚、武隆和皇庄各站径流量与输沙量主要集中在 5—10 月，分别占全年的 65%～85% 和 89%～100%。

3. 洞庭湖区和鄱阳湖区

2021 年洞庭湖区和鄱阳湖区主要水文控制站逐月径流量与输沙量的变化见图 1-7。2021 年洞庭湖区湘潭、桃源和城陵矶各站以及鄱阳湖区外洲、梅港、湖口各站径流量与输沙量主要集中在 3—8 月，分别占全年的 69%～88% 和 69%～100%。

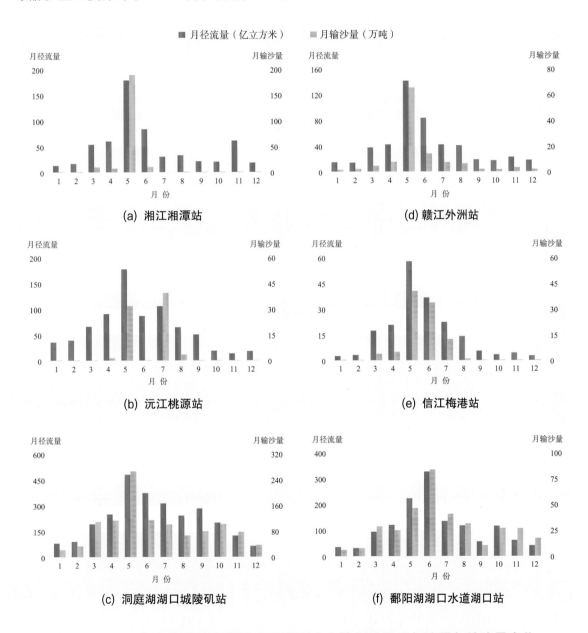

图 1-7 2021 年洞庭湖区和鄱阳湖区主要水文控制站逐月径流量与输沙量变化

三、重点河段冲淤变化

以重庆主城区河段作为长江重点河段。

（一）河段概况

重庆主城区河段是指长江干流大渡口至铜锣峡的干流河段（长约40公里）和嘉陵江井口至朝天门的嘉陵江河段（长约20公里），嘉陵江在朝天门从左岸汇入长江。重庆主城区河道在平面上呈连续弯曲的河道形态，弯道段与顺直过渡段长度所占比例约为1:1，河势稳定。重庆主城区河段河势见图1-8。

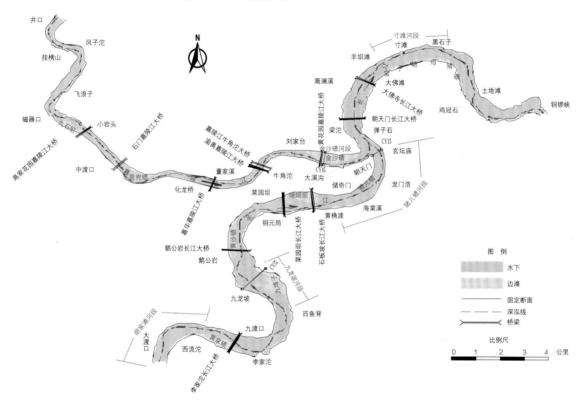

图1-8　重庆主城区河段河势示意图

（二）冲淤变化

重庆主城区河段位于三峡水库变动回水区上段，2008年三峡水库进行175米（吴淞基面，三峡水库水位、高程下同）试验性蓄水后，受上游来水来沙变化及人类活动影响，2008年9月中旬至2021年12月全河段累积冲刷量为1921.1万立方米。其中，嘉陵江汇合口以下的长江干流河段冲刷68.2万立方米，汇合口以上长江干流河段冲刷1702.6万立方米，嘉陵江河段冲刷150.3万立方米。

2020年12月至2021年12月，重庆主城区河段总体为淤积，泥沙淤积量为154.1万立方米。其中，长江干流汇合口以下河段淤积37.6万立方米，长江干流汇合口以上河段淤积 71.1 万立方米，嘉陵江河段淤积 45.4 万立方米。九龙坡、猪儿碛、寸滩和金沙碛等局部重点河段均表现为淤积。具体见表 1-5 及图 1-9。

表 1-5　重庆主城区河段冲淤量　单位：万立方米

时段＼河段	局部重点河段				长江干流		嘉陵江	全河段
	九龙坡	猪儿碛	寸　滩	金沙碛	汇合口（CY15）以上	汇合口（CY15）以下		
2008 年 9 月至 2020 年 12 月	−239.4	−132.0	+15.9	−15.2	−1773.7	−105.8	−195.7	−2075.2
2020 年 12 月至 2021 年 5 月	−19.6	+3.6	+10.2	−12.0	+38.8	+57.2	−41.8	+54.2
2021 年 5 月至 2021 年 10 月	+19.5	−0.9	−2.1	+10.4	+30.1	−8.3	+60.8	+82.6
2021 年 10 月至 2021 年 12 月	+2	+4.7	−1.4	+4.2	+2.2	−11.3	+26.4	+17.3
2020 年 12 月至 2021 年 12 月	+1.9	+7.4	+6.7	+2.6	+71.1	+37.6	+45.4	+154.1
2008 年 9 月至 2021 年 12 月	−237.5	−124.6	+22.6	−12.6	−1702.6	−68.2	−150.3	−1921.1

注　1. "＋"表示淤积，"−"表示冲刷。
　　2. 九龙坡、猪儿碛和寸滩河段分别为长江九龙坡港区、汇合口上游干流港区和寸滩新港区，计算河段长度分别为 2364 米、3717 米和 2578 米；金沙碛河段为嘉陵江口门段（朝天门附近），计算河段长度为 2671 米。

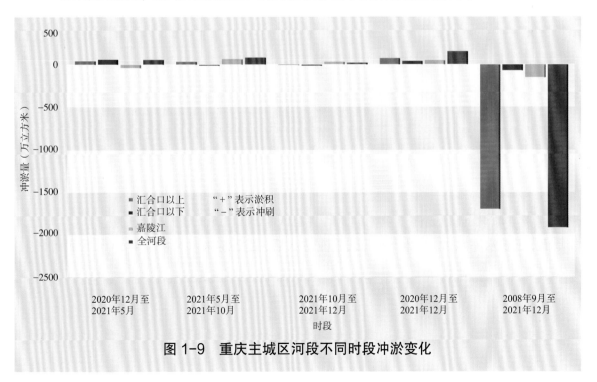

图 1-9　重庆主城区河段不同时段冲淤变化

（三）典型断面冲淤变化

三峡水库 175 米试验性蓄水以来，重庆主城区河段年际间河床断面形态多无明显变化，局部有一定的冲淤变化（图 1-10）。2021 年内有冲有淤，汛前消落期局部有明显冲刷，汛期嘉陵江河段断面有所淤积，局部受采砂影响高程有所下降（图 1-11）。

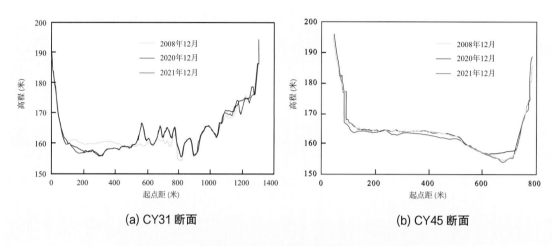

(a) CY31 断面　　　　　　　　　　(b) CY45 断面

图 1-10　重庆主城区河段典型断面年际冲淤变化

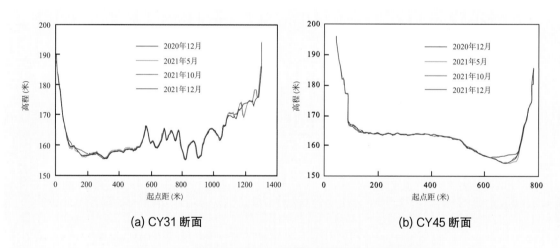

(a) CY31 断面　　　　　　　　　　(b) CY45 断面

图 1-11　重庆主城区河段典型断面年内冲淤变化

（四）河道深泓纵剖面冲淤变化

重庆主城区河段深泓纵剖面有冲有淤，2021 年年内深泓冲淤幅度一般在 0.5 米以内。2008 年 12 月至 2021 年 12 月，深泓累积淤积幅度一般在 3.0 米以内，累积冲刷幅度一般在 4.0 米以内。深泓纵剖面变化见图 1-12。

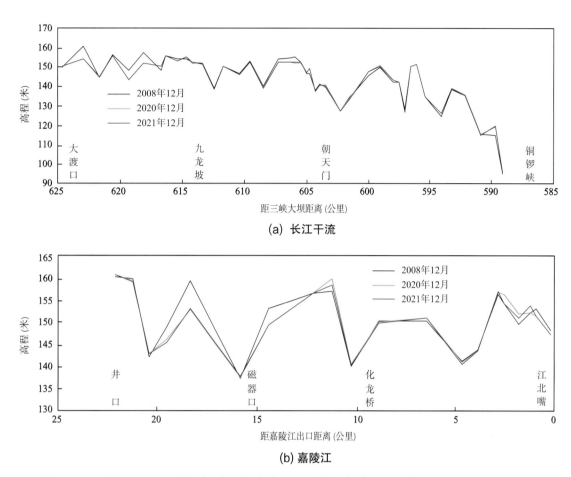

(a) 长江干流

(b) 嘉陵江

图 1-12　重庆主城区河段长江干流和嘉陵江深泓纵剖面变化

四、重要水库和湖泊冲淤变化

（一）三峡水库

1. 进出库水沙量

2021 年 1 月 1 日三峡水库坝前水位由 173.02 米开始逐步消落，6 月 10 日水库水位消落至 145.31 米。随后三峡水库转入汛期运行，9 月 10 日起三峡水库进行 175 米蓄水（坝前水位为 167.42 米），至 10 月 31 日 8 时坝前水位达到 175 米。2021 年三峡水库入库径流量和输沙量（朱沱站、北碚站和武隆站三站之和）分别为 4058 亿立方米和 0.827 亿吨，与 2003—2020 年的平均值相比，年径流量偏大 9%，年输沙量偏小 46%。

三峡水库出库控制站黄陵庙水文站，2021 年径流量和输沙量分别为 4674 亿立方米和 0.111 亿吨。宜昌站 2021 年径流量和输沙量分别为 4723 亿立方米和 0.111 亿吨，与 2003—2020 年的平均值相比，年径流量偏大 13%，年输沙量偏小 68%。

2. 水库淤积量

在不考虑区间来沙的情况下,库区泥沙淤积量为三峡水库入库与出库沙量之差。2021 年三峡水库库区泥沙淤积量为 0.716 亿吨,水库排沙比为 13%。2021 年三峡水库泥沙淤积量年内变化见图 1-13。

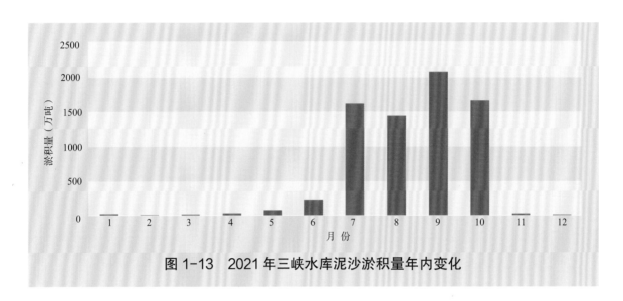

图 1-13　2021 年三峡水库泥沙淤积量年内变化

三峡水库 2003 年 6 月蓄水运用以来至 2021 年 12 月,入库悬移质泥沙量为 26.8 亿吨,出库(黄陵庙站)悬移质泥沙量为 6.32 亿吨,不考虑三峡水库库区区间来沙,水库泥沙淤积量为 20.5 亿吨,水库排沙比为 24%。

3. 水库典型断面冲淤变化

三峡水库蓄水运用以来,受上游来水来沙、河道采砂和水库调度等影响,变动回水区总体冲刷,泥沙淤积主要集中在涪陵以下的常年回水区,水库 175 米和 145 米高程以下河床内泥沙淤积量分别占干流总淤积量的 98% 和 89%。三峡水库泥沙淤积以主槽淤积为主,沿程则以宽谷河段淤积为主,占总淤积量的 94%,如 S113、S207 等断面;窄深河段淤积相对较少或略有冲刷,如位于瞿塘峡的 S109 断面;深泓最大淤高 67.9 米(S34 断面)。三峡水库典型断面冲淤变化见图 1-14。

(二)丹江口水库

丹江口水利枢纽位于汉江中游、丹江入江口下游 0.8 公里处。丹江口水库自 1968 年开始蓄水,1973 年建成初期规模,坝顶高程为 162 米(吴淞高程,丹江口水库水位、高程下同),2014 年大坝坝顶高程加高至 176.60 米,正常蓄水位为 170 米。

2021 年汉江上游来水量丰沛,丹江口水库首次实现了 170 米正常蓄水位目标,是丹江口水库下闸蓄水以来历史上的最高水位。

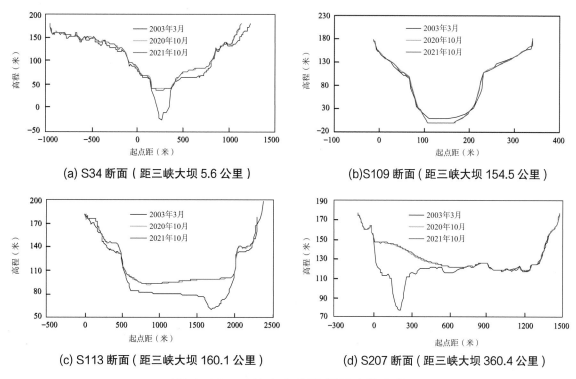

(a) S34 断面（距三峡大坝 5.6 公里）

(b) S109 断面（距三峡大坝 154.5 公里）

(c) S113 断面（距三峡大坝 160.1 公里）

(d) S207 断面（距三峡大坝 360.4 公里）

图 1-14　三峡水库典型断面冲淤变化

1. 进出库水沙量

2021 年丹江口水库入库径流量和输沙量（干流白河站、天河贾家坊站、堵河黄龙滩站、丹江磨峪湾站和老灌河淅川站五站之和）分别为 685.9 亿立方米和 2590 万吨，较 2020 年度分别增大 111% 和 1751%。

2021 年丹江口水库出库径流量和输沙量（丹江口大坝、南水北调中线调水的渠首陶岔闸和清泉沟闸三个出库口水沙量之和）分别为 660.7 亿立方米和 34.4 万吨，其中大坝出库控制站黄家港站年径流量和年输沙量分别为 554.9 亿立方米和 34.4 万吨，陶岔闸和清泉沟闸引沙量近似为 0。与上年度比较，2021 年出库径流量和输沙量分别增大 79% 和 5073%。

2. 水库淤积量

在不考虑区间来沙量的情况下，2021 年丹江口水库库区泥沙淤积量为 2560 万吨，水库排沙比为 1%。

（三）洞庭湖

1. 进出湖水沙量

2021 年洞庭湖入湖主要控制站总径流量和总输沙量分别为 2265 亿立方米和 805

万吨，其中：荆江三口年径流量和年输沙量分别为 521.6 亿立方米和 438 万吨，洞庭湖区湘江、资水、沅江和澧水（简称"四水"）控制站年径流量和年输沙量分别为 1744 亿立方米和 367 万吨。与 1956—2020 年多年平均值比较，2021 年洞庭湖入湖总径流量和总输沙量分别偏小 8% 和 93%；与近 10 年平均值比较，2021 年入湖总径流量基本持平，总输沙量偏小 41%。

2021 年由城陵矶站汇入长江的径流量和输沙量分别 2670 亿立方米和 1120 万吨，与 1951—2020 年多年平均值比较分别偏小 6% 和 69%；与近 10 年平均值比较，出湖年径流量基本持平，年输沙量偏小 38%。

2. 湖区淤积量

在不考虑湖区其他进、出输沙量及河道采砂的情况下，洞庭湖湖区泥沙淤积量为入湖与出湖输沙量之差。2021 年洞庭湖湖区泥沙冲刷量为 315 万吨，湖区冲刷比为 39%。

（四）鄱阳湖

1. 进出湖水沙量

鄱阳湖入湖径流量和输沙量分别由五河七口水文站（赣江外洲，抚河李家渡，信江梅港，饶河虎山、渡峰坑，修水万家埠、虬津）和五河六口水文站（外洲，李家渡，梅港，虎山、渡峰坑，万家埠）控制，2021 年鄱阳湖入湖总径流量和总输沙量分别为 1045 亿立方米和 511 万吨；与 1956—2020 年多年平均值比较，2021 年入湖总径流量和总输沙量分别偏小 16% 和 59%；与近 10 年平均值比较，2021 年入湖总径流量和总输沙量分别偏小 22% 和 25%。

2021 年由湖口站汇入长江的出湖径流量和输沙量分别为 1361 亿立方米和 352 万吨；与 1950—2020 年多年平均值比较，2021 年出湖径流量和输沙量分别偏小 10% 和 65%；与近 10 年平均值比较，2021 年出湖径流量和输沙量分别偏小 18% 和 57%。

2. 湖区淤积量

在不考虑湖区其他进、出输沙量及河道采砂的情况下，鄱阳湖湖区泥沙淤积量为入湖与出湖输沙量之差。2021 年鄱阳湖湖区泥沙淤积量为 159 万吨，湖区泥沙淤积比为 31%。

五、重要泥沙事件

（一）长江干流及主要支流河道发生崩岸

2021 年 1—12 月，长江干流及主要支流共发生河道崩岸 66 处，崩岸长度为

27031 米。其中，长江中下游干流崩岸 34 处，长度为 17108 米；主要支流崩岸 32 处，长度为 9923 米。长江干流崩岸分布见表 1-6。

表 1-6　长江中下游干流崩岸情况统计

河段	数量	长度（米）	河段	数量	长度（米）	河段	数量	长度（米）
宜枝	1	30	簰洲湾	1	180	安庆	1	200
上荆江	8	2455	鄂黄	4	3310	贵池	1	40
下荆江	4	2423	韦源口	1	200	黑沙洲	1	70
岳阳	2	3550	田家镇	1	200	芜裕	1	20
陆溪口	2	330	龙坪	1	500			
嘉鱼	3	1100	九江	2	2500			

2021 年长江较为严重的崩岸险情为湖北省咸宁市嘉鱼县簰洲湾河段肖潘赤壁段崩岸。2021 年 12 月 18 日，湖北省咸宁市嘉鱼县境内长江右岸簰洲湾河段肖潘赤壁段谷洲民垸（双退垸）外滩发生窝崩险情，崩岸距长江干堤四邑公堤约 2 公里，距谷洲垸围堤约 150 米，对应肖潘赤壁段护岸桩号为 269+330～269+510，崩岸长度约为 180 米、崩岸深度约为 70 米、崩岸高度约为 12 米，平面形态呈 Ω 形，估算崩岸体积超 15 万立方米，为 1998 年汛后咸宁江段发生的最大窝崩。

（二）金沙江干、支流多座重要水库初期蓄水

金沙江苏洼龙水电站位于四川省巴塘县和西藏芒康县交界处的金沙江干流上游河段，2021 年 1 月末开始蓄水，最大蓄水量约为 5.7 亿立方米；雅砻江杨房沟水电站位于四川省凉山彝族自治州木里县境内雅砻江上游河段，2021 年 1 月初开始蓄水，7 月 19 日蓄至正常蓄水位 2094 米，最大蓄水量约为 4.5 亿立方米；雅砻江两河口水电站位于四川省甘孜藏族自治州雅江县城雅砻江上游河段，2021 年 6 月 10 日正式第二阶段蓄水，最大蓄水量约为 33 亿立方米；金沙江白鹤滩水电站位于四川省宁南县白鹤滩镇与云南省巧家县大寨镇交界的金沙江下游干流河段，2021 年 4 月 6 日正式开始初期蓄水，最大蓄水量约为 168 亿立方米。这些水库蓄水运用后，将会改变水库下游河道的水沙过程，特别是水库将拦截上游河道大量泥沙，发生泥沙淤积，进入下游河道的泥沙大幅度减少，使得下游河道发生冲刷。

黄河下游控导工程（于澜 摄）

第二章 黄河

一、概述

2021 年黄河干流主要水文控制站实测径流量与多年平均值比较，头道拐站基本持平，龙门站偏小 8%，其他站偏大 9%～53%；与近 10 年平均值比较，唐乃亥、兰州和头道拐各站年径流量基本持平，龙门站偏小 6%，其他站偏大 26%～85%；与上年度比较，花园口站年径流量基本持平，高村、艾山和利津各站增大 7%～23%，其他站减小 11%～40%。2021 年实测输沙量与多年平均值比较，各站偏小 20%～91%；与近 10 年平均值比较，花园口、高村、艾山和利津各站年输沙量偏大 29%～65%，其他站偏小 6%～76%；与上年度比较，各站年输沙量减小 23%～76%。

2021 年黄河主要支流水文控制站实测径流量与多年平均值比较，洮河红旗、皇甫川皇甫、窟野河温家川和无定河白家川各站偏小 26%～99%，其他站偏大 16%～329%；与近 10 年平均值比较，红旗、皇甫、温家川和白家川各站年径流量偏小 19%～95%，其他站偏大 34%～411%；与上年度比较，红旗、皇甫、温家川和白家川各站年径流量减小 13%～77%，其他站增大 26%～2432%。2021 年黄河主要支流水文控制站实测输沙量与多年平均值比较，沁河武陟站基本持平，其他站偏小 64%～100%；与近 10 年平均值比较，渭河华县站年输沙量基本持平，红旗、皇甫、温家川、白家川和延河甘谷驿各站偏小 61%～100%，其他站偏大 20%～848%；与上年度比较，华县站年输沙量基本持平，泾河张家山、北洛河洑头、汾河河津各站增大 9%～697%，伊洛河黑石关站和武陟站 2021 年输沙量分别为 0.036 亿吨和 0.042 亿吨，2020 年输沙量均为 0，其他站减小 54%～94%。

2021 年度内蒙古河段石嘴山、三湖河口和头道拐各站断面表现为淤积，巴彦高勒站断面表现为冲刷；黄河下游河道冲刷量为 1.514 亿立方米，引水量和引沙量分别为 91.92 亿立方米和 2310 万吨。2021 年度三门峡水库库区干流冲刷量为 0.878 亿立方米，小浪底水库库区总淤积量为 1.151 亿立方米。

2021 年重要泥沙事件包括：黄河中下游发生严重秋汛，黄河通过水库联合调度实施汛前调水调沙。

二、径流量与输沙量

（一）2021 年实测水沙特征值

1. 黄河干流

2021 年黄河干流主要水文控制站实测水沙特征值与多年平均值、近 10 年平均值及 2020 年值的比较见表 2-1 和图 2-1。

2021 年黄河干流主要水文控制站实测径流量与多年平均值比较，头道拐站基本持平，龙门站偏小 8%，其他站偏大 9%～53%，其中唐乃亥、兰州、艾山和利津各站分别偏大 9%、12%、47% 和 53%；与近 10 年平均值比较，唐乃亥、兰州和头道拐各站年径

表 2-1 黄河干流主要水文控制站实测水沙特征值对比

水文控制站		唐乃亥	兰州	头道拐	龙门	潼关	小浪底	花园口	高村	艾山	利津
控制流域面积（万平方公里）		12.20	22.26	36.79	49.76	68.22	69.42	73.00	73.41	74.91	75.19
年径流量（亿立方米）	多年平均	204.0 (1950—2020年)	314.4 (1950—2020年)	216.6 (1950—2020年)	258.7 (1950—2020年)	335.3 (1952—2020年)	338.6 (1952—2020年)	369.8 (1950—2020年)	330.6 (1952—2020年)	327.8 (1952—2020年)	288.6 (1952—2020年)
	近 10 年平均	229.6	355.4	232.5	251.1	314.6	332.4	324.6	295.9	292.6	238.5
	2020 年	321.6	504.5	369.8	376.7	469.6	473.2	487.1	450.8	419.9	359.6
	2021 年	222.9	353.1	222.1	237.2	395.1	421.2	509.7	483.4	480.4	441.1
年输沙量（亿吨）	多年平均	0.120 (1956—2020年)	0.610 (1950—2020年)	0.987 (1950—2020年)	6.33 (1950—2020年)	9.21 (1952—2020年)	8.44 (1952—2020年)	7.92 (1950—2020年)	7.10 (1952—2020年)	6.86 (1952—2020年)	6.38 (1952—2020年)
	近 10 年平均	0.117	0.234	0.661	1.41	1.83	3.33	1.37	1.63	1.81	1.56
	2020 年	0.188	0.152	1.41	2.01	2.40	3.28	3.24	4.01	3.72	3.14
	2021 年	0.096	0.058	0.461	0.763	1.71	0.785	1.77	2.68	2.67	2.43
年平均含沙量（千克/立方米）	多年平均	0.589 (1956—2020年)	1.94 (1950—2020年)	4.55 (1950—2020年)	24.5 (1950—2020年)	27.5 (1952—2020年)	24.9 (1952—2020年)	21.4 (1950—2020年)	21.5 (1952—2020年)	20.9 (1952—2020年)	22.1 (1952—2020年)
	2020 年	0.585	0.301	3.81	5.34	5.11	6.93	6.65	8.90	8.86	8.73
	2021 年	0.432	0.163	2.08	3.22	4.33	1.86	3.47	5.54	5.56	5.51
年平均中数粒径（毫米）	多年平均	0.016 (1984—2020年)	0.015 (1957—2020年)	0.017 (1958—2020年)	0.026 (1956—2020年)	0.021 (1961—2020年)	0.018 (1961—2020年)	0.019 (1961—2020年)	0.021 (1954—2020年)	0.022 (1962—2020年)	0.019 (1962—2020年)
	2020 年	0.011	0.012	0.030	0.021	0.016	0.031	0.022	0.029	0.025	0.021
	2021 年	0.011	0.009	0.028	0.020	0.015	0.017	0.026	0.035	0.040	0.025
输沙模数[吨/(年·平方公里)]	多年平均	98.5 (1956—2020年)	274 (1950—2020年)	268 (1950—2020年)	1270 (1950—2020年)	1350 (1952—2020年)	1220 (1952—2020年)	1080 (1950—2020年)	968 (1952—2020年)	915 (1952—2020年)	848 (1952—2020年)
	2020 年	154	68.3	383	404	352	472	444	546	497	418
	2021 年	78.9	25.8	125	153	251	113	243	365	356	323

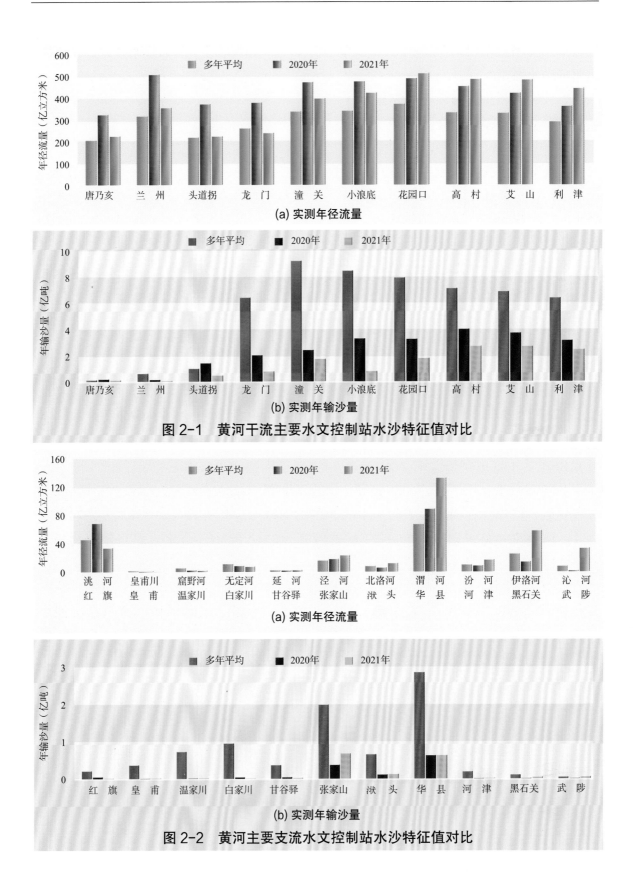

(a) 实测年径流量

(b) 实测年输沙量

图 2-1　黄河干流主要水文控制站水沙特征值对比

(a) 实测年径流量

(b) 实测年输沙量

图 2-2　黄河主要支流水文控制站水沙特征值对比

流量基本持平，龙门站偏小 6%，其他站偏大 26%～85%，其中潼关、小浪底、艾山和利津各站分别偏大 26%、27%、64% 和 85%；与上年度比较，花园口站年径流量基本持平，高村、艾山和利津各站年径流量分别增大 7%、14% 和 23%，其他站减小 11%～40%，其中小浪底、潼关、龙门和头道拐各站分别减小 11%、16%、37% 和 40%。

2021 年黄河干流主要水文控制站实测输沙量与多年均值比较，各站偏小 20%～91%，其中唐乃亥、头道拐、兰州和小浪底各站分别偏小 20%、53%、90% 和 91%；与近 10 年平均值比较，花园口、高村、艾山和利津各站年输沙量分别偏大 29%、65%、47% 和 56%，其他站偏小 6%～76%，其中潼关、唐乃亥、兰州和小浪底各站分别偏小 6%、18%、75% 和 76%；与上年度比较，各站年输沙量减小 23%～67%，其中利津、潼关、头道拐和小浪底各站分别减小 23%、29%、67% 和 76%。

2. 黄河主要支流

2021 年黄河主要支流水文控制站实测水沙特征值与多年平均值、近 10 年平均值及 2020 年值的比较见表 2-2 和图 2-2。

2021 年黄河主要支流水文控制站实测径流量与多年均值比较，洮河红旗、皇甫川皇甫、窟野河温家川和无定河白家川各站分别偏小 26%、99%、67% 和 34%，其他站偏大 16%～329%，其中延河甘谷驿、泾河张家山、伊洛河黑石关和沁河武陟各站分别偏大 16%、48%、132% 和 329%；与近 10 年平均值比较，红旗、皇甫、温家川和白家川各站年径流量分别偏小 27%、95%、46% 和 19%，其他站偏大 34%～411%，其中甘谷驿、张家山、黑石关和武陟各站分别偏大 34%、75%、225% 和 411%；与上年度比较，红旗、皇甫、温家川和白家川各站年径流量分别减小 51%、77%、20% 和 13%，其他站增大 26%～2432%，其中甘谷驿、张家山、黑石关和武陟各站分别增大 26%、30%、319% 和 2432%。

2021 年黄河主要支流水文控制站实测输沙量与多年均值比较，武陟站基本持平，其他站偏小 64%～100%，其中黑石关、张家山、皇甫、温家川和白家川各站偏小 64%、66%、近 100%、近 100% 和近 100%；与近 10 年平均值比较，红旗、皇甫、温家川、白家川和甘谷驿各站年输沙量分别偏小 85%、97%、近 100%、99% 和 61%，渭河华县站基本持平，其他站偏大 20%～848%，其中张家山、北洛河洑头、武陟和黑石关各站 20%、24%、692% 和 848%；与上年度比较，红旗、皇甫、温家川、白家川和甘谷驿各站年输沙量分别减小 83%、81%、95%、94% 和 54%，华县站基本持平，张家山、洑头和河津各站分别增大 83%、9% 和 697%，黑石关站和武陟站 2021 年输沙量分别为 0.036 亿吨和 0.042 亿吨，2020 年输沙量均为 0。

（二）径流量与输沙量的年内变化

2021 年黄河干流主要水文控制站逐月径流量与输沙量变化见图 2-3。2021 年黄河

表 2-2　黄河主要支流水文控制站实测水沙特征值对比

河　　　流		洮河	皇甫川	窟野河	无定河	延河	泾河	北洛河	渭河	汾河	伊洛河	沁河
水文控制站		红旗	皇甫	温家川	白家川	甘谷驿	张家山	洑头	华县	河津	黑石关	武陟
控制流域面积（万平方公里）		2.50	0.32	0.85	2.97	0.59	4.32	2.56	10.65	3.87	1.86	1.29
年径流量（亿立方米）	多年平均	45.41 (1954—2020年)	1.180 (1954—2020年)	5.098 (1954—2020年)	10.87 (1956—2020年)	1.971 (1952—2020年)	15.55 (1950—2020年)	7.678 (1950—2020年)	66.88 (1950—2020年)	9.691 (1950—2020年)	24.95 (1950—2020年)	7.670 (1950—2020年)
	近10年平均	45.91	0.2941	3.178	8.892	1.711	13.19	6.028	64.24	8.479	17.83	6.442
	2020年	68.35	0.0675	2.131	8.259	1.814	17.77	5.677	88.50	8.438	13.82	1.299
	2021年	33.55	0.0153	1.704	7.213	2.287	23.05	11.90	132.0	16.65	57.88	32.89
年输沙量（亿吨）	多年平均	0.203 (1954—2020年)	0.360 (1954—2020年)	0.724 (1954—2020年)	0.947 (1956—2020年)	0.361 (1952—2020年)	1.98 (1950—2020年)	0.647 (1956—2020年)	2.85 (1950—2020年)	0.186 (1950—2020年)	0.101 (1950—2020年)	0.041 (1950—2020年)
	近10年平均	0.050	0.035	0.009	0.199	0.045	0.558	0.094	0.591	0.003	0.004	0.005
	2020年	0.045	0.005	0.000	0.036	0.038	0.367	0.107	0.621	0.001	0	0
	2021年	0.008	0.001	0.000	0.002	0.017	0.670	0.117	0.622	0.009	0.036	0.042
年平均含沙量（千克/立方米）	多年平均	4.48 (1954—2020年)	305 (1954—2020年)	142 (1954—2020年)	87.1 (1956—2020年)	183 (1952—2020年)	127 (1950—2020年)	84.3 (1956—2020年)	42.7 (1950—2020年)	19.1 (1950—2020年)	4.05 (1950—2020年)	5.33 (1950—2020年)
	2020年	0.664	75.7	0.148	4.36	20.9	20.7	18.8	7.02	0.132	0	0
	2021年	0.224	62.1	0.010	0.284	7.61	29.1	9.83	4.71	0.532	0.625	1.27
年平均中数粒径（毫米）	多年平均		0.039 (1957—2020年)	0.045 (1958—2020年)	0.030 (1962—2020年)	0.026 (1963—2020年)	0.024 (1964—2020年)	0.025 (1963—2020年)	0.017 (1956—2020年)	0.016 (1956—2020年)	0.009 (1956—2020年)	
	2020年		0.016	0.007	0.015	0.015	0.019	0.005	0.011	0.007		
	2021年		0.016	0.007	0.015	0.015	0.013	0.013	0.011	0.005	0.012	
输沙模数[吨/(年·平方公里)]	多年平均	815 (1954—2020年)	11300 (1954—2020年)	8500 (1954—2020年)	3190 (1956—2020年)	6130 (1952—2020年)	4580 (1950—2020年)	2520 (1956—2020年)	2680 (1950—2020年)	479 (1950—2020年)	544 (1950—2020年)	317 (1950—2020年)
	2020年	182	160	3.72	121	642	850	418	583	2.87	0	0
	2021年	30.1	29.7	0.201	6.90	295	1550	456	584	22.9	195	324

干流唐乃亥、头道拐、龙门、潼关、花园口和利津各站径流量和输沙量主要集中在 7—10 月，分别占全年的 32%～57% 和 35%～84%，其中头道拐站径流量和输沙量、龙门站径流量分布较均匀。

（三）洪水泥沙

2021 年汛期，黄河流域降雨过程多、雨量大、落区重叠度高，干支流多个水文站出现建站以来或近 40～60 年最大流量，特别是 8 月下旬至 10 月上旬发生严重"华西秋雨"，黄河中下游出现长历时秋汛洪水，洪水场次多、洪峰高、水量大。黄河干流 9 天内相继形成 3 次编号洪水，潼关站出现 1979 年以来最大洪水，洪峰流量为 8360 立方米 / 秒。黄河下游大流量洪水过程长达 20 余天，其中花园口站 4000 立方米 / 秒以上流量持续 24 天。2021 年黄河流域洪水泥沙特征值见表 2-3。

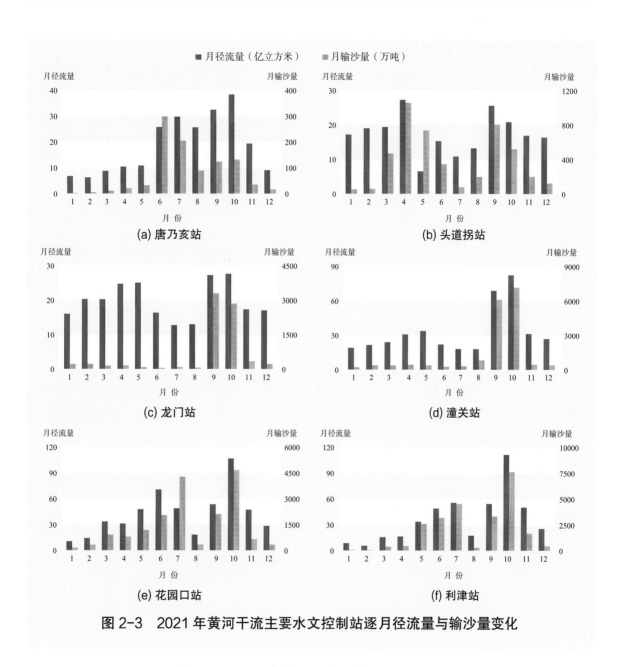

图 2-3　2021 年黄河干流主要水文控制站逐月径流量与输沙量变化

表 2-3　2021 年黄河流域洪水泥沙特征值

河流	洪水编号	水文站	洪水起止时间（月.日）	洪水径流量（亿立方米）	洪水输沙量（万吨）	洪峰流量		最大含沙量	
						流量（立方米/秒）	发生时间（月.日 时:分）	含沙量（千克/立方米）	发生时间（月.日 时:分）
黄河干流	1	潼关	9.24—10.4	34.72	3196	7480	9.29 22:00	13.9	9.29 2:00
	2	花园口		115.7	5400	5220	9.28 13:24	6.52	9.29 8:00
	3	潼关	10.4—10.22	57.86	6439	8360	10.7 7:36	29.2	10.7 14:00

注　受水库调蓄影响，花园口站洪水径流量和输沙量为 9 月 24 日至 10 月 24 日期间的总和。

三、重点河段冲淤变化

（一）内蒙古河段典型断面冲淤变化

黄河内蒙古河段石嘴山、巴彦高勒、三湖河口和头道拐各水文站断面的冲淤变化见图 2-4。

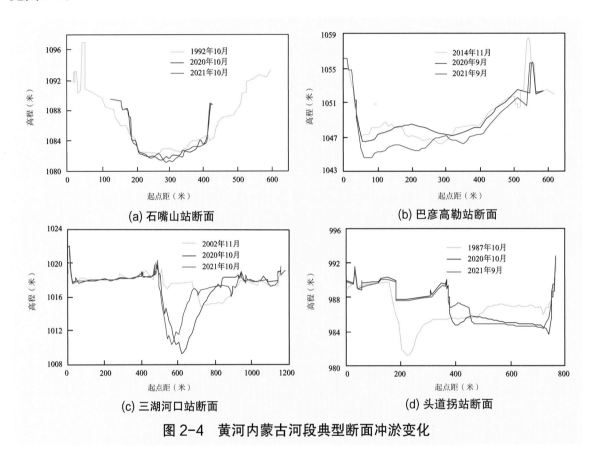

图 2-4　黄河内蒙古河段典型断面冲淤变化

石嘴山站断面 2021 年汛后与 1992 年同期相比 [图 2-4(a)]，高程 1091.50 米（汛期历史最高水位以上 0.61 米）以下断面面积增大约 40 平方米（起点距 143～426 米），断面整体冲刷。2021 年汛后与 2020 年同期相比，高程 1091.50 米下断面面积减小约 24 平方米，断面总体略有淤积，主槽冲淤交替，深泓点降低。

巴彦高勒站断面 2021 年汛后与 2014 年同期相比 [图 2-4(b)]，高程 1055.00 米（汛期历史最高水位以上 0.78 米）以下断面面积增大约 722 平方米，断面整体冲刷。2021 年汛后与 2020 年同期相比，高程 1055.00 米下断面面积增大约 801 平方米，断面整体冲刷。

三湖河口站断面 2021 年汛后与 2002 年同期相比 [图 2-4(c)]，高程 1019.50 米（汛期历史最高水位以上 0.31 米）以下断面面积增大约 597 平方米，断面冲刷严重，且河道主槽摆向左岸，深泓点降低。2021 年汛后与 2020 年同期相比，高程 1019.50 米下断面面积减少约 283 平方米，河道主槽左冲右淤，深泓点抬高。

头道拐站断面 2021 年汛后与 1987 年同期相比 [图 2-4(d)]，高程 992.00 米（汛期历史最高水位以上 0.50 米）以下断面面积减小约 451 平方米，断面总体淤积，主槽摆向右岸，断面变为宽浅，深泓点抬高。2021 年汛后与 2020 年同期相比，高程 992.00 米下断面面积减小约 41 平方米，主槽两侧淤积、中部冲刷，深泓点略有抬高。

（二）黄河下游河段

1. 河段冲淤量

2020 年 10 月至 2021 年 11 月，黄河下游河道总冲刷量为 1.514 亿立方米。其中，夹河滩至高村河段表现为略有淤积，淤积量为 0.003 亿立方米；其他河段均表现为冲刷，冲刷量为 1.517 亿立方米。各河段冲淤量见表 2-4。

表 2-4 2020 年 10 月至 2021 年 11 月黄河下游各河段冲淤量

河 段	西霞院—花园口	花园口—夹河滩	夹河滩—高村	高村—孙口	孙口—艾山	艾山—泺口	泺口—利津	合 计
河段长度（公里）	112.8	100.8	72.6	118.2	63.9	101.8	167.8	737.9
冲淤量（亿立方米）	−0.853	−0.305	+0.003	−0.043	−0.054	−0.116	−0.146	−1.514

注 "+"表示淤积，"−"表示冲刷。

2. 典型断面冲淤变化

黄河下游河道典型断面冲淤变化见图 2-5。与 2020 年 10 月相比，2021 年 11 月丁庄断面和泺口断面表现为主槽冲刷，花园口断面和孙口断面表现为淤积。

3. 引水引沙

根据黄河下游 100 处引水口引水监测和 83 处引水口引沙监测统计，2021 年黄河下游实测引水量 91.92 亿立方米，实测引沙量 2310 万吨。其中，西霞院—高村河段引水量和引沙量分别为 26.47 亿立方米和 466 万吨，高村—艾山河段引水量和引沙量分别为 17.39 亿立方米和 520 万吨，艾山—利津河段引水量和引沙量分别为 42.77 亿立方米和 1240 万吨。各河段实测引水量与引沙量见表 2-5。

四、重要水库冲淤变化

（一）三门峡水库

1. 水库冲淤量

2021 年汛后渭河大水漫滩，不具备测验条件，渭河和北洛河汛后测次缺测，三门

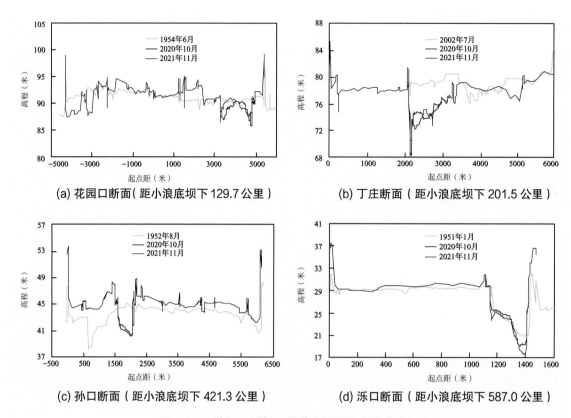

(a) 花园口断面（距小浪底坝下 129.7 公里）

(b) 丁庄断面（距小浪底坝下 201.5 公里）

(c) 孙口断面（距小浪底坝下 421.3 公里）

(d) 泺口断面（距小浪底坝下 587.0 公里）

图 2-5 黄河下游河道典型断面冲淤变化

表 2-5 2021 年黄河下游各河段实测引水量与引沙量

河　段	西霞院—花园口	花园口—夹河滩	夹河滩—高　村	高　村—孙　口	孙　口—艾　山	艾　山—泺　口	泺　口—利　津	利　津以　下	合　计
引水量（亿立方米）	3.530	10.71	12.23	6.680	10.71	16.34	26.43	5.290	91.92
引沙量（万吨）	23.5	166	276	108	412	523	712	88.5	2310

峡库区干支流冲淤情况分开统计。

2020 年 10 月至 2021 年 11 月，三门峡库区干流表现为冲刷，总冲刷量为 0.878 亿立方米。其中，黄河小北干流河段冲刷量为 0.133 亿立方米，干流三门峡—潼关河段冲刷量为 0.745 亿立方米。三门峡水库库区干流 2021 年度及多年累积冲淤量分布见表 2-6。

2020 年 10 月至 2021 年 4 月，三门峡库区支流表现为冲刷，总冲刷量为 0.117 亿立方米，其中渭河库段冲刷量为 0.113 亿立方米，北洛河库段冲刷量为 0.004 亿立方米。三门峡水库库区支流库段 2021 年度及多年累积冲淤量分布见表 2-7。

表 2-6   三门峡水库库区干流 2021 年度及多年累积冲淤量分布

单位：亿立方米

库 段 \ 时 段	1960 年 5 月至 2020 年 10 月	2020 年 10 月至 2021 年 11 月	1960 年 5 月至 2021 年 11 月
黄淤 1—黄淤 41	+27.780	−0.745	+27.035
黄淤 41—黄淤 68	+21.553	−0.133	+21.420
合 计	+49.333	−0.878	+48.455

注　1. "+"表示淤积，"−"表示冲刷。
　　2. 黄淤 41 断面即潼关断面，位于黄河、渭河交汇点下游，也是黄河由北向南转而东流之处；黄淤 1—黄淤 41 断面即黄河三门峡—潼关河段，黄淤 41—黄淤 68 断面即黄河小北干流河段。

表 2-7   三门峡水库库区支流库段 2021 年度及多年累积冲淤量分布

单位：亿立方米

库 段 \ 时 段	1960 年 5 月至 2020 年 10 月	2020 年 10 月至 2021 年 4 月	1960 年 5 月至 2021 年 4 月
渭拦 4—渭淤 37	+10.825	−0.113	+10.712
洛淤 1—洛淤 21	+2.969	−0.004	+2.965
合 计	+13.794	−0.117	+13.677

注　1. "+"表示淤积，"−"表示冲刷。
　　2. 渭河冲淤断面自下而上分渭拦 11、渭拦 12、渭拦 1—渭拦 10 和渭淤 1—渭淤 37 两段布设，渭河冲淤计算从渭拦 4 开始；北洛河自下而上依次为洛淤 1—洛淤 21。

2. 潼关高程

潼关高程是指潼关水文站流量为 1000 立方米/秒时潼关（六）断面的相应水位。2021 年潼关高程汛前为 326.90 米，汛后为 325.87 米，与上年度同期相比，汛前升高 0.15 米，汛后降低 0.49 米；与 2003 年汛前和 1969 年汛后历史同期最高高程相比，汛前和汛后分别降低了 0.70 米和 1.56 米。

（二）小浪底水库

小浪底水库库区汇入支流较多，平面形态狭长弯曲，总体上是上窄下宽。距坝 65 公里以上为峡谷段，河谷宽度多在 500 米以下；距坝 65 公里以下宽窄相间，河谷宽度多在 1000 米以上，最宽处约为 2800 米。

2021 年小浪底水库水位（桐树岭站）变化主要集中在 6 月下旬至 10 月中旬。1—6 月中旬日平均库水位维持在 261.6～269.8 米，库水位 6 月下旬逐渐降低，7 月 4—20 日维持在 220 米左右；7 月下旬至 8 月中旬维持在 230 米以下运行，8 月 7 日后库水位逐渐抬升；8 月下旬至 9 月 15 日小浪底水库连续对中游两场洪水进行拦蓄，上游来水持续增大，小浪底水库水位于 9 月 27 日达到 1 号洪水期间的最高水位 271.18 米；10 月 9 日 20 时，达到本次秋汛洪水拦蓄过程的最高水位 273.5 米，为建库以来最高水位；

10 月 20 日小浪底水库水位降至 270 米以下。

1. 水库冲淤量

2020 年 10 月至 2021 年 11 月，小浪底水库库区淤积量为 1.151 亿立方米，其中干流淤积量为 1.137 亿立方米，除大坝至黄河 5 断面、黄河 21 断面至黄河 37 断面、黄河 54 断面至黄河 56 断面外，其他干流断面均表现为淤积；支流淤积量为 0.014 亿立方米，淤积主要发生在黄河 6 断面下游的左岸支流以及黄河 14 断面下游的右岸支流，其中大峪河、煤窑沟、畛水、石井河淤积量较大。小浪底水库库区 2021 年度及多年累积冲淤量分布见表 2-8。

表 2-8   小浪底水库库区 2021 年度及多年累积冲淤量分布

单位：亿立方米

时　段 库　段	1997 年 10 月至 2020 年 10 月	2020 年 10 月至 2021 年 11 月			1997 年 10 月至 2021 年 11 月	
		干　流	支　流	合　计	总　计	淤积量占比 （％）
大坝—黄河 20	+20.206	+0.384	+0.070	+0.454	+20.660	62
黄河 20—黄河 38	+11.172	−0.210	−0.056	−0.266	+10.907	32
黄河 38—黄河 56	+0.942	+0.962	0.000	+0.962	+1.905	6
合　计	+32.321	+1.137	+0.014	+1.151	+33.472	100

注　"+"表示淤积，"−"表示冲刷。

2. 水库库容变化

2021 年 11 月小浪底水库实测 275 米高程以下库容为 94.113 亿立方米，较 2020 年 10 月库容减小 1.151 亿立方米。小浪底水库库容曲线见图 2-6。

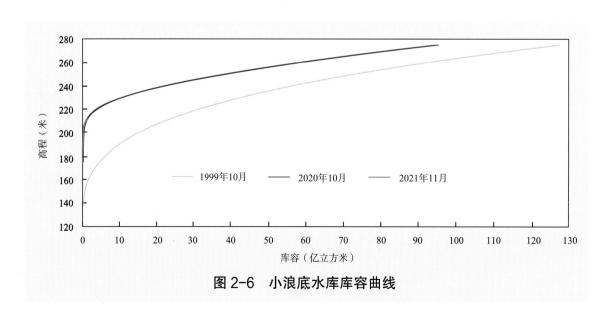

图 2-6   小浪底水库库容曲线

3. 水库纵剖面和典型断面冲淤变化

小浪底水库深泓纵剖面的变化情况见图 2-7。2021 年 11 月小浪底水库淤积三角洲顶点发生位移，从黄河 4 断面移至黄河 6 断面，顶点高程为 210.14 米。黄河 4 断面至大坝间河床深泓点高程均降低，黄河 5 断面至黄河 20 断面间河床深泓点高程均抬高，黄河 21 断面至黄河 37 断面间河床深泓点高程抬高与降低交替发生，黄河 38 断面至黄河 54 断面间河床深泓点均有较大程度的抬高，其中黄河 39 断面深泓点抬高幅度最大为 25.2 米。

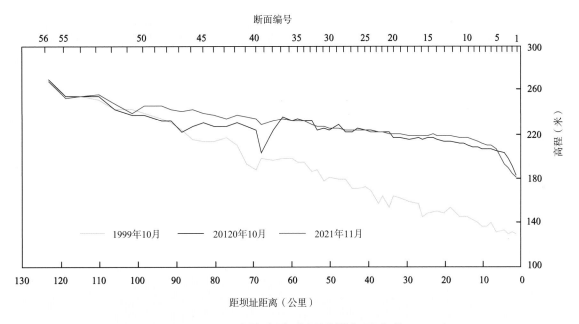

图 2-7　小浪底水库深泓纵剖面变化

根据 2021 年小浪底水库纵剖面和平面宽度的变化特点，选择黄河 5、黄河 23、黄河 39 和黄河 47 等 4 个典型断面说明库区冲淤变化情况，见图 2-8。与 2020 年 10 月相比，2021 年 11 月黄河 5 断面略有淤积，黄河 23 断面冲淤变化不大，黄河 39 断面和黄河 47 断面有显著的淤积。

4. 库区典型支流入汇河段冲淤变化

以大峪河和畛水作为小浪底库区典型支流。大峪河在大坝上游 4.2 公里的黄河左岸汇入黄河；畛水在大坝上游 17.2 公里的黄河右岸汇入黄河，是小浪底库区最大的一条支流。从图 2-9 可以看出，随着干流河底的不断淤积，大峪河 1 断面 1999 年 10 月至 2021 年 11 月已淤积抬高 53.74 米，2020 年 10 月至 2021 年 11 月，大峪河 1 断面深泓点降低 0.34 米；畛水 1 断面 1999 年 10 月至 2021 年 11 月已淤积抬高 65.4 米，2020 年 10 月至 2021 年 11 月，畛水河口发生淤积，畛水 1 断面深泓点比 2020 年 10 月抬高 5.5 米。

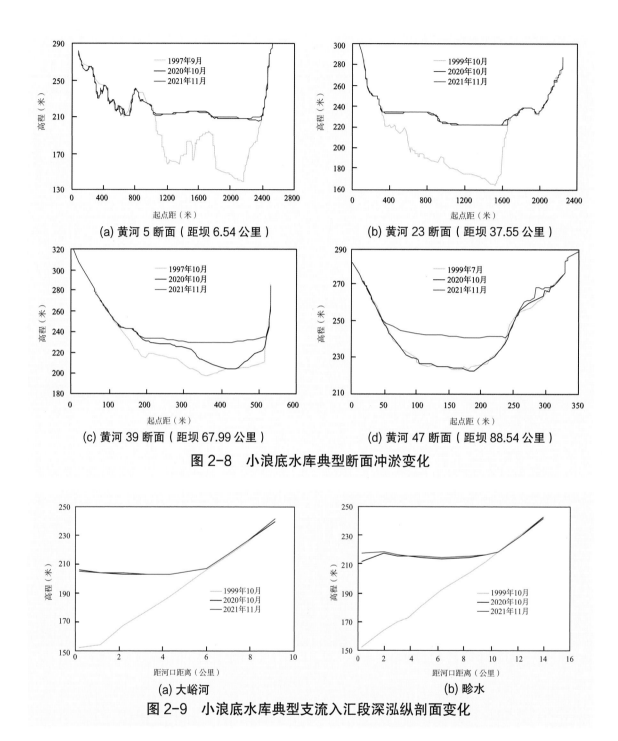

(a) 黄河 5 断面（距坝 6.54 公里）　　　　(b) 黄河 23 断面（距坝 37.55 公里）

(c) 黄河 39 断面（距坝 67.99 公里）　　　　(d) 黄河 47 断面（距坝 88.54 公里）

图 2-8　小浪底水库典型断面冲淤变化

(a) 大峪河　　　　　　　(b) 畛水

图 2-9　小浪底水库典型支流入汇段深泓纵剖面变化

五、重要泥沙事件

（一）黄河中下游发生严重秋汛

2021 年 8 月下旬至 10 月底，黄河中下游发生严重秋汛，黄河干流共发生 3 次编号洪水，支流出现多次洪水过程，多个水文站出现建站以来秋汛洪水最大流量。黄河潼关站 10 月 7 日 7 时 36 分洪峰流量 8360 立方米 / 秒，为 1979 年以来最大流量。干支流水库投入拦洪削峰错峰运用，小浪底、故县和河口村三个水库防洪运用至历史最高库水位，分别为 273.50 米（10 月 9 日 20 时）、536.59 米（10 月 12 日 10 时）和 279.89 米（10 月 9 日 18 时），将花园口站两次天然洪峰流量超 10000 立方米 / 秒削减至最大洪峰流量 5220 立方米 / 秒。黄河下游大流量洪水过程长达 20 余天，其中花园口站 4000 立方米 / 秒以上流量持续 24 天。黄河下游河道发生明显冲刷，按照输沙率法计算，2021 年秋汛期（8 月 20 日至 10 月 31 日）黄河下游小浪底至利津河段共冲刷泥沙 0.903 亿吨。秋汛期间，三门峡水库进行 5 次敞泄运用，入库沙量为 1.402 亿吨，出库沙量为 2.288 亿吨，库区冲刷量为 0.886 亿吨；小浪底水库拦洪运用，出库沙量为 0.198 亿吨，库区淤积量为 2.090 亿吨。其中，10 月 8—15 日，小浪底水库经历建库以来最大入库流量过程（10 月 8 日 0 时 24 分洪峰流量为 8210 立方米 / 秒），在大流量驱动下，水库首次出现 270 米以上高水位排沙出库，8 日累积出库沙量为 0.116 亿吨。

（二）黄河通过水库联合调度实施汛前调水调沙

2021 年 6 月 19 日至 7 月 13 日，通过联合调度黄河中游的万家寨、三门峡和小浪底水库，实施汛前调水调沙。小浪底水库调控流量控制在 2600～4500 立方米 / 秒，其中，4500 立方米 / 秒流量持续 5 天，出库最大含沙量出现在 7 月 4 日 23 时 12 分，为 377 千克 / 立方米。

按照输沙率法计算，调水调沙期间，三门峡水库排沙为 0.343 亿吨；小浪底水库排沙为 0.574 亿吨，排沙比为 167%，库区冲刷量为 0.231 亿吨；通过利津入海泥沙为 0.489 亿吨。花园口站最大流量出现在 6 月 26 日 7 时，为 4480 立方米 / 秒。向黄河三角洲湿地生态补水 1.48 亿立方米，取得了良好的防洪减淤和生态社会效益。

淮河入海水道二河枢纽（缪宜江　摄）

第三章　淮河

一、概述

2021 年淮河流域主要水文控制站实测径流量与多年平均值比较，各站偏大 7%～114%；与近 10 年平均值比较，各站年径流量偏大 38%～241%；与上年度比较，淮河息县站和蚌埠站年径流量基本持平，史河蒋家集站和沂河临沂站分别减小 19% 和 22%，其他站增大 6%～191%。

2021 年淮河流域主要水文控制站实测输沙量与多年平均值比较，淮河鲁台子站和颍河阜阳站分别偏大 11% 和 47%，其他站偏小 14%～93%；与近 10 年平均值比较，息县、蒋家集和临沂各站年输沙量偏小 23%～77%，其他站偏大 36%～749%；与上年度比较，鲁台子、颍河阜阳和涡河蒙城各站年输沙量增大 76%～2590%，其他站减小 39%～95%。

2021 年鲁台子水文站断面略有冲刷，蚌埠水文站断面主河槽略有冲刷，临沂水文站断面受临沂沂河大桥改造工程影响变化较大。

二、径流量与输沙量

（一）2021 年实测水沙特征值

2021 年淮河流域主要水文控制站实测水沙特征值与多年平均值、近 10 年平均值及 2020 年值的比较见表 3-1 和图 3-1。

与多年平均值比较，2021 年淮河干流息县、鲁台子和蚌埠各站实测径流量分别偏大 7%、52% 和 52%，史河蒋家集、颍河阜阳、涡河蒙城和沂河临沂各站分别偏大 84%、102%、114% 和 47%。与近 10 年平均值比较，2021 年息县、鲁台子、蚌埠、蒋

表 3-1　淮河流域主要水文控制站实测水沙特征值对比

河　　流	淮　河	淮　河	淮　河	史　河	颍　河	涡　河	沂　河
水文控制站	息　县	鲁台子	蚌　埠	蒋家集	阜　阳	蒙　城	临　沂
控制流域面积（万平方公里）	1.02	8.86	12.13	0.59	3.52	1.55	1.03
年径流量（亿立方米）　多年平均	35.91 (1951—2020年)	214.1 (1950—2020年)	261.7 (1950—2020年)	20.18 (1951—2020年)	43.01 (1951—2020年)	12.68 (1960—2020年)	20.28 (1951—2020年)
近10年平均	27.65	193.5	242.9	22.38	27.68	7.964	16.02
2020年	39.71	305.8	379.2	45.74	29.83	12.45	38.05
2021年	38.26	325.4	397.7	37.19	86.82	27.12	29.73
年输沙量（万吨）　多年平均	191 (1959—2020年)	726 (1950—2020年)	808 (1950—2020年)	54.8 (1958—2020年)	240 (1951—2020年)	12.6 (1982—2020年)	189 (1954—2020年)
近10年平均	61.1	254	327	24.0	41.5	3.36	55.6
2020年	111	266	722	77.6	13.1	6.15	239
2021年	30.2	804	444	18.4	352	10.8	12.7
年平均含沙量（千克/立方米）　多年平均	0.532 (1959—2020年)	0.339 (1950—2020年)	0.309 (1950—2020年)	0.301 (1958—2020年)	0.558 (1951—2020年)	0.125 (1982—2020年)	0.932 (1954—2020年)
2020年	0.280	0.087	0.190	0.170	0.044	0.049	0.629
2021年	0.079	0.247	0.112	0.049	0.405	0.040	0.043
输沙模数[吨/(年·平方公里)]　多年平均	187 (1959—2020年)	81.9 (1950—2020年)	66.6 (1950—2020年)	92.9 (1958—2020年)	68.2 (1951—2020年)	8.13 (1982—2020年)	183 (1954—2020年)
2020年	109	30.0	59.5	132	3.72	3.97	232
2021年	29.6	90.7	36.6	31.2	100	6.97	12.3

(a) 实测年径流量

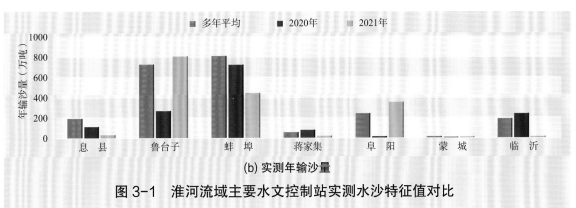

(b) 实测年输沙量

图 3-1　淮河流域主要水文控制站实测水沙特征值对比

家集、阜阳、蒙城和临沂各站径流量分别偏大 38%、68%、64%、66%、214%、241% 和 86%。与上年度相比，2021 年息县站和蚌埠站径流量基本持平，鲁台子、阜阳和蒙城各站分别增大 6%、191% 和 118%，蒋家集站和临沂站分别减小 19% 和 22%。

与多年平均值比较，2021 年息县、蚌埠、蒋家集、蒙城和临沂各站实测输沙量分别偏小 84%、45%、66%、14% 和 93%，鲁台子站和阜阳站分别偏大 11% 和 47%。与近 10 年平均值比较，2021 年息县、蒋家集和临沂各站输沙量分别偏小 51%、23% 和 77%，鲁台子、蚌埠、阜阳和蒙城各站分别偏大 217%、36%、749% 和 221%。与上年度比较，2021 年息县、蚌埠、蒋家集和临沂各站输沙量分别减小 73%、39%、76% 和 95%，鲁台子、阜阳和蒙城各站分别增大 202%、2590% 和 76%。

（二）径流量与输沙量年内变化

2021 年淮河流域主要水文控制站逐月径流量与输沙量变化见图 3-2。2021 年息县、蒋家集、鲁台子、蚌埠、阜阳、蒙城和临沂各站径流量和输沙量主要集中在 7—10 月，分别占全年的 60%～83% 和 83%～100%。

（三）洪水泥沙

2021 年淮河流域支流颍河发生 3 次洪水过程，其中第一次洪水过程主要由颍河支流贾鲁河上游强降水（即"郑州 7·20 特大暴雨"）产生。在 7 月 17 日 8 时至 23 日 8 时期间，郑州市累积降雨 400 毫米以上的面积达 5590 平方公里，600 毫米以上的面积达 2068 平方公里；最强降雨时段为 7 月 19 日下午至 21 日凌晨，20 日郑州国家气象站出现最大日降雨量为 624.1 毫米，接近郑州平均年降雨量（640.8 毫米），罕见特大暴雨对郑州市造成严重冲击。受暴雨影响，颍河支流贾鲁河中牟水文站洪峰流量为 608 立方米 / 秒，为历史最大洪峰流量（2019 年 8 月 2 日）的 2.5 倍，对应的颍河阜阳站洪峰流量为 2280 立方米 / 秒（7 月 24 日）。2021 年颍河 3 次洪水泥沙特征值见表 3-2。

表 3-2　2021 年颍河洪水泥沙特征值

河流	水文站	洪水起止时间（月.日 时:分）	洪水径流量（亿立方米）	洪水输沙量（万吨）	洪峰流量		最大含沙量	
					流量（立方米/秒）	发生时间（月.日 时:分）	含沙量（千克/立方米）	发生时间（月.日 时:分）
颍河	阜阳	7.21 8:00—7.31 20:00	16.60	123	2280	7.24 23:00	1.81	7.23 20:00
颍河	阜阳	9.03 8:00—9.09 20:00	10.32	50.6	2370	9.7 00:00	0.872	9.06 20:00
颍河	阜阳	9.25 8:00—10.02 20:00	12.54	138	2670	9.28 18:06	2.27	9.27 8:00

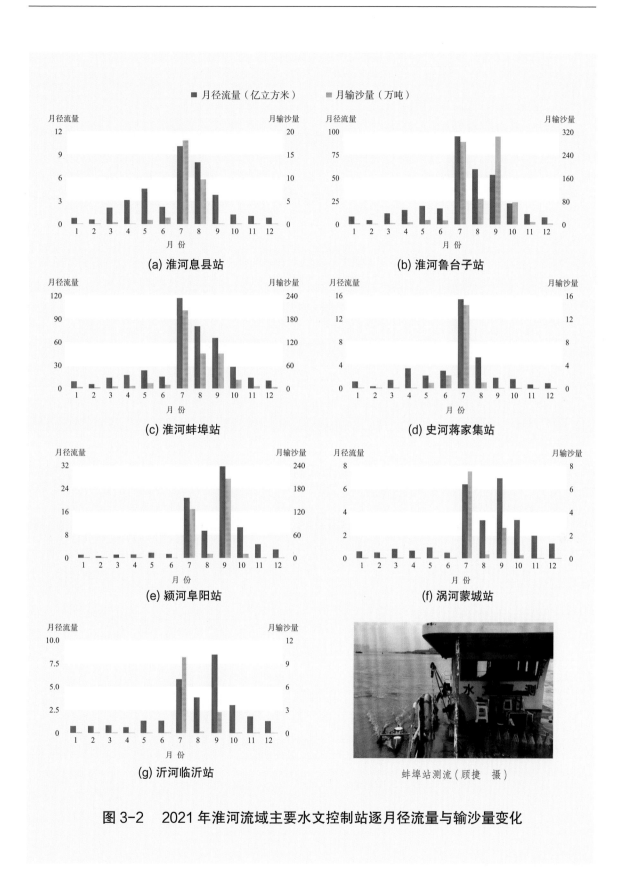

图 3-2　2021 年淮河流域主要水文控制站逐月径流量与输沙量变化

三、典型断面冲淤变化

（一）鲁台子水文站断面

淮河干流鲁台子水文站断面冲淤变化见图3-3，在2000年退堤整治后，断面右边岸滩大幅拓宽。与2020年相比，2021年水文站断面略有冲刷。

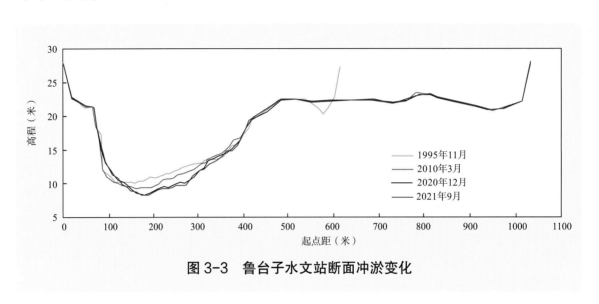

图 3-3　鲁台子水文站断面冲淤变化

（二）蚌埠水文站断面

淮河干流蚌埠水文站断面冲淤变化见图3-4。与2020年相比，2021年水文站断面距左岸271～374米略有淤积，主河槽略有冲刷。

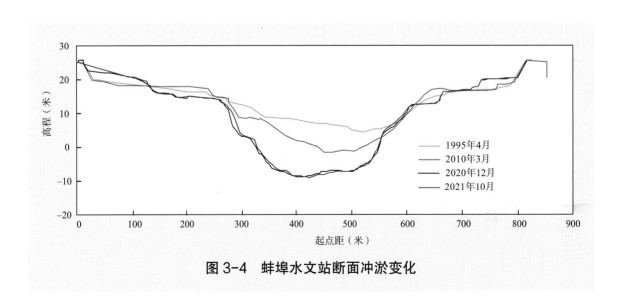

图 3-4　蚌埠水文站断面冲淤变化

（三）临沂水文站断面

沂河临沂水文站断面冲淤变化见图 3-5。与 2020 年相比，2021 年水文站断面受临沂沂河大桥改造工程影响，主河槽向左迁移近百米，形成宽 55 米、深 4 米的河槽（距左岸 780～835 米），河槽两侧（距左岸 360～780 米和 835～1200 米）抬高 2～4 米，距左岸 200～360 米范围受工程影响有一定下切，最大下切约 3 米。

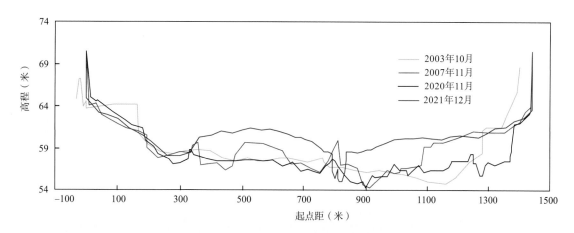

图 3-5　临沂水文站断面冲淤变化

大清河新盖房枢纽分洪（马丁　摄）

第四章　海河

一、概述

2021 年海河流域主要水文控制站实测水沙特征值与多年平均值比较，桑干河石匣里、洋河响水堡、永定河雁翅和滹沱河小觉各站年径流量偏小 40%～86%，其他站偏大 9%～226%；漳河观台站年输沙量偏大 17%，响水堡、雁翅和滦河滦县各站均偏小近 100%，其他站偏小 43%～98%。与近 10 年平均值比较，2021 年各站径流量偏大 11%～418%；雁翅、滦县和沙河阜平各站年输沙量偏小 30%～100%，其他站偏大 92%～689%，响水堡站近 10 年输沙量近似为 0。与上年度比较，2021 年雁翅站径流量减小 49%，其他站增大 26%～4722%；石匣里、滦县、白河张家坟、阜平和卫河元村集各站输沙量增大 44%～20567%，雁翅站减小近 100%，潮河下会、海河海河闸、小觉和观台各站年输沙量分别为 23.9 万吨、0.131 万吨、31.7 万吨和 794 万吨，各站 2020 年输沙量均近似为 0，响水堡站 2021 年和 2020 年输沙量均近似为 0。

2021 年河北省实施引黄入冀调水，入冀水量为 8.309 亿立方米，入冀挟带泥沙量为 61.9 万吨。

漳河观台水文站断面 2021 年发生两次较大洪水过程，冲刷严重；滹沱河小觉水文站断面 2021 年洪水期主槽发生冲刷。

2021 年重要泥沙事件为卫河洪水导致左堤出现漫溢决口。

二、径流量与输沙量

（一）2021 年实测水沙特征值

2021 年海河流域主要水文控制站实测水沙特征值与多年平均值、近 10 年平均值及 2020 年值的比较见表 4-1 和图 4-1。

与多年平均值比较，2021 年海河流域滦河滦县、潮河下会、白河张家坟、海河海河闸、沙河阜平、漳河观台和卫河元村集各站径流量分别偏大 61%、195%、69%、9%、98%、221% 和 226%，桑干河石匣里、洋河响水堡、永定河雁翅和滹沱河小觉各站年径流量分别偏小 40%、86%、69% 和 40%。与近 10 年平均值比较，2021 年石匣里、响水堡、雁翅、滦县、下会、张家坟、海河闸、阜平、小觉、观台和元村集各站径流量分别偏大 80%、26%、11%、171%、312%、186%、64%、121%、109%、418% 和 354%。与上年度比较，2021 年雁翅站径流量减小 49%，石匣里、响水堡、滦县、下会、张家坟、海河闸、阜平、小觉、观台和元村集各站分别增大 26%、48%、376%、

表 4-1　2021 年海河流域主要水文控制站实测水沙特征值对比

河　　流	桑干河	洋　河	永定河	滦　河	潮　河	白　河	海　河	沙　河	滹沱河	漳　河	卫　河
水文控制站	石匣里	响水堡	雁　翅	滦　县	下　会	张家坟	海河闸	阜　平	小　觉	观　台	元村集
控制流域面积（万平方公里）	2.36	1.45	4.37	4.41	0.53	0.85		0.22	1.40	1.78	1.43
年径流量（亿立方米） 多年平均	4.009 (1952—2020年)	2.938 (1952—2020年)	5.224 (1963—2020年)	29.12 (1950—2020年)	2.294 (1961—2020年)	4.695 (1954—2020年)	7.598 (1960—2020年)	2.419 (1959—2020年)	5.624 (1956—2020年)	8.197 (1951—2020年)	14.38 (1951—2020年)
年径流量（亿立方米） 近10年平均	1.335	0.3295	1.465	17.35	1.645	2.777	5.059	2.169	1.617	5.079	10.33
年径流量（亿立方米） 2020年	1.909	0.2801	3.186	9.870	0.9999	3.073	4.264	2.446	0.9974	0.5456	2.711
年径流量（亿立方米） 2021年	2.398	0.4137	1.629	46.97	6.776	7.948	8.301	4.787	3.376	26.31	46.86
年输沙量（万吨） 多年平均	776 (1952—2020年)	531 (1952—2020年)	10.1 (1963—2020年)	785 (1950—2020年)	67.8 (1961—2020年)	108 (1954—2020年)	6.02 (1960—2020年)	44.3 (1959—2020年)	578 (1956—2020年)	681 (1951—2020年)	198 (1951—2020年)
年输沙量（万吨） 近10年平均	5.33	0.000	0.068	27.9	3.03	3.61	0.059	35.9	16.5	124	13.1
年输沙量（万吨） 2020年	1.60	0.000	0.023	0.157	0.000	0.105	0.000	17.4	0.000	0.000	2.81
年输沙量（万吨） 2021年	28.5	0.000	0.000	1.70	23.9	21.7	0.131	25.1	31.7	794	65.8
年平均含沙量（千克/立方米） 多年平均	19.4 (1952—2020年)	18.1 (1952—2020年)	0.192 (1963—2020年)	2.70 (1950—2020年)	2.96 (1961—2020年)	2.30 (1954—2020年)	0.079 (1960—2020年)	1.83 (1959—2020年)	10.3 (1956—2020年)	8.31 (1951—2020年)	1.38 (1951—2020年)
年平均含沙量（千克/立方米） 2020年	0.084	0.000	0.001	0.002	0.000	0.003	0.000	0.711	0.000	0.000	0.104
年平均含沙量（千克/立方米） 2021年	1.19	0.000	0.000	0.004	0.353	0.273	0.002	0.524	0.939	3.02	0.140
年平均中数粒径（毫米） 多年平均	0.029 (1961—2020年)	0.027 (1962—2020年)		0.028 (1961—2020年)				0.031 (1965—2020年)	0.029 (1965—2020年)	0.027 (1965—2020年)	
年平均中数粒径（毫米） 2020年	0.042							0.010			
年平均中数粒径（毫米） 2021年	0.006							0.013	0.014	0.018	
输沙模数 [吨/（年·平方公里）] 多年平均	329 (1952—2020年)	366 (1952—2020年)	2.30 (1963—2020年)	178 (1950—2020年)	128 (1961—2020年)	127 (1954—2020年)		200 (1959—2020年)	413 (1956—2020年)	383 (1951—2020年)	138 (1951—2020年)
输沙模数 [吨/（年·平方公里）] 2020年	0.678	0.000	0.005	0.036	0.000	0.124		78.7	0.000	0.000	1.97
输沙模数 [吨/（年·平方公里）] 2021年	12.1	0.000	0.000	0.385	45.1	25.5		114	22.6	446	46.0

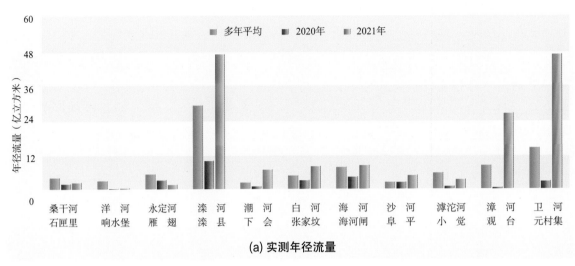

(a) 实测年径流量

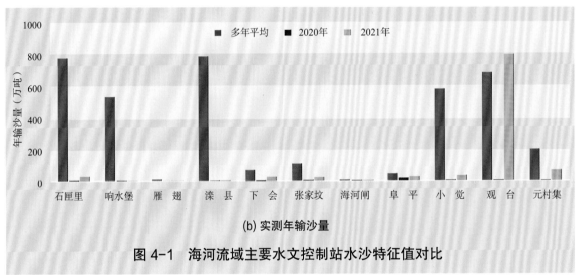

(b) 实测年输沙量

图 4-1 海河流域主要水文控制站水沙特征值对比

578%、159%、95%、96%、238%、4722% 和 1629%。

　　与多年平均值比较，2021 年海河流域观台站实测输沙量偏大 17%，响水堡、雁翅和滦县各站均偏小近 100%，石匣里、下会、张家坟、海河闸、阜平、小觉和元村集各站分别偏小 96%、65%、80%、98%、43%、95% 和 67%。与近 10 年平均值比较，2021 年石匣里、下会、张家坟、海河闸、小觉、观台和元村集各站输沙量分别偏大 435%、689%、501%、122%、92%、540% 和 402%，雁翅站偏小近 100%，滦县站和阜平站分别偏小 94% 和 30%，响水堡站近 10 年输沙量近似为 0。与上年度比较，2021 年石匣里、滦县、张家坟、阜平和元村集各站输沙量分别增大 1681%、983%、20567%、44% 和 2242%，雁翅站减小近 100%，下会、海河闸、小觉和观台各站年输沙量分别为 23.9 万吨、0.131 万吨、31.7 万吨和 794 万吨，各站 2020 年输沙量均近似为 0，响水堡站 2021 年和 2020 年输沙量均近似为 0。

（二）径流量与输沙量年内变化

2021年海河流域主要水文控制站逐月径流量与输沙量的变化见图4-2。石匣里站和雁翅站5—7月、10—11月的径流量分别占全年的76%和58%，受小型暴雨洪水影响，石匣里站在7月和9月有少量输沙，雁翅站年输沙量近似为0。响水堡、滦县、下会、张家坟、海河闸、阜平、小觉、观台和元村集各站7—10月径流量占全年的73%～88%；响水堡站年输沙量近似为0，其他站7—10月输沙量占全年的89%～100%。

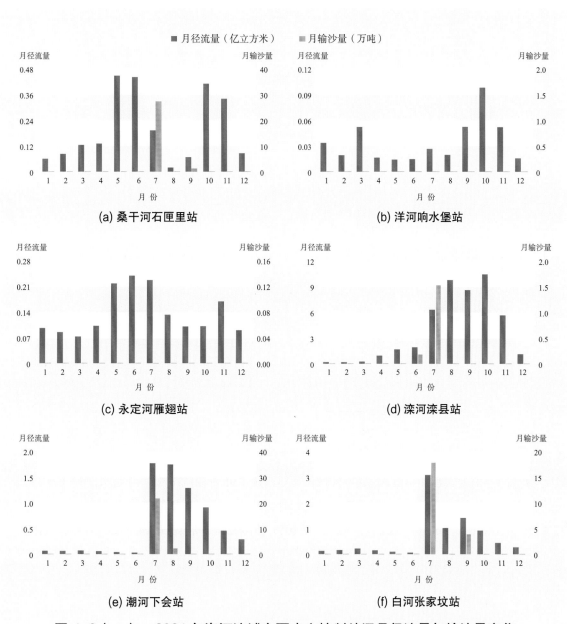

图4-2（一）　2021年海河流域主要水文控制站逐月径流量与输沙量变化

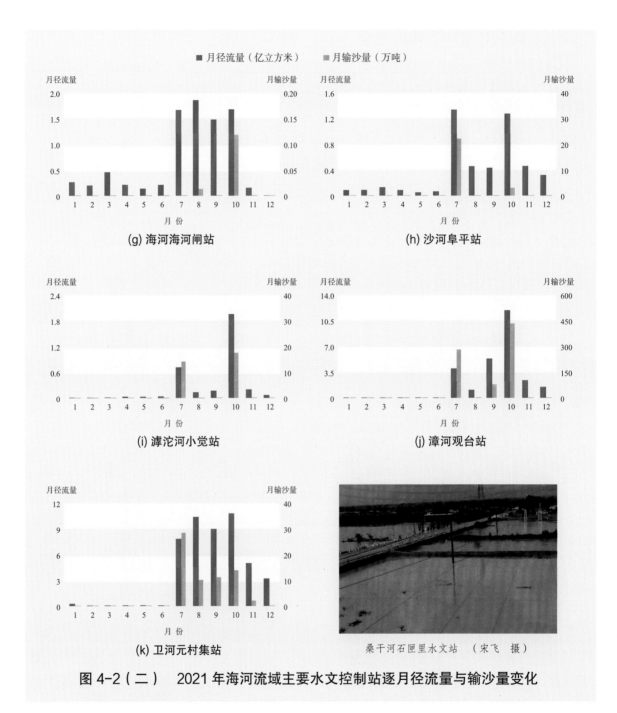

图 4-2（二）　2021 年海河流域主要水文控制站逐月径流量与输沙量变化

（三）引黄入冀调水

2021 年河北省实施引黄入冀补水，引黄入冀总水量为 8.309 亿立方米，挟带泥沙总量为 61.9 万吨。其中，2021 年 2—6 月、9 月通过引黄入冀渠村线路向沿线农业供水，入冀水量为 3.505 亿立方米，入冀泥沙量为 40.5 万吨；1—4 月、6—7 月通过引黄入冀位山线路实施衡水湖及邢台市、衡水市、沧州市农业补水，入冀水量为 2.985 亿立方米，入冀泥沙量为 20.6 万吨；5—7 月通过引黄入冀潘庄线路向衡水市、沧州市补水，入冀水量为 1.650 亿立方米，入冀泥沙量为 0.774 万吨；5—6 月通过引黄入冀李家岸线路向沧州市东部农业补水，入冀水量为 0.1693 亿立方米，入冀泥沙量为 0。

（四）洪水泥沙

2021 年汛期，海河流域累积雨量大、持续时间长、降雨落区高度重叠，滦河系和漳卫河系发生 3 次编号洪水。7 月 11—13 日，滦河系发生入汛以来首场强降雨，7 月 13 日 14 时，形成滦河第 1 号洪水。7 月 17—22 日，漳卫河系、子牙河系发生强降雨，卫河及其 4 条支流发生超保洪水，7 月 22 日 6 时，形成漳卫河第 1 号洪水。9—10 月，海河流域发生 1949 年以来罕见秋汛，10 月 7 日 11 时，形成漳卫河第 2 号洪水，漳河 4 座大型水库（关河、后湾、漳泽和岳城水库）水位创历史新高。各编号洪水泥沙特征值见表 4-2。

表 4-2 2021 年海河流域洪水泥沙特征值

河流	洪水编号	水文站	洪水起止时间（月.日 时:分）	洪水径流量（亿立方米）	洪水输沙量（万吨）	洪峰流量		最大含沙量	
						流量（立方米/秒）	发生时间（月.日 时:分）	含沙量（千克/立方米）	发生时间（月.日）
滦河	1	滦县	7.12 12:00—7.23 8:00	4.100	1.51	1270	7.14 6:44	0.127	7.14
漳卫河	1	观台	7.20 23:00—7.25 18:00	2.939	3.62	3150	7.22 8:00	21.8	7.22
		元村集	7.18 8:00—8.29 8:00	17.66	37.4	926	7.25 5:00	1.52	7.12
	2	观台	10.3 15:00—10.26 17:00	10.34	26.9	2240	10.7 11:40	28.5	10.7
		元村集	9.18 12:00—10.22 20:00	14.59	22.6	743	10.5 17:00	0.663	9.20

三、典型断面冲淤变化

（一）漳河观台水文站断面

漳河观台水文站断面冲淤变化见图 4-3，该断面自 2016 年 7 月洪水之后无较大流量过程，2019 年更是出现全年断流情况。2021 年发生两次较大洪水过程，最高洪水位为 153.26 米（大沽基面），7 月 26 日实测大断面冲刷面积达 117 平方米，最大冲刷深度为 2.15 米。发生变化的主要原因为断面上游河道整治，下游河道采砂，综合影响下使基本断面附近河槽高于上下游，洪水时主槽发生较大冲刷。

（二）滹沱河小觉水文站断面

滹沱河小觉水文站断面冲淤变化见图 4-4，该断面自 2016 年之后无较大流量过程，除河槽左侧略有下切外，断面其他部位冲淤变化不大。与 2021 年 3 月相比，2021 年

7 月水文站断面主槽发生较大幅度的冲刷，最大冲刷深度约为 0.9 米，左边滩发生淤积；至 11 月，主槽发生回淤。

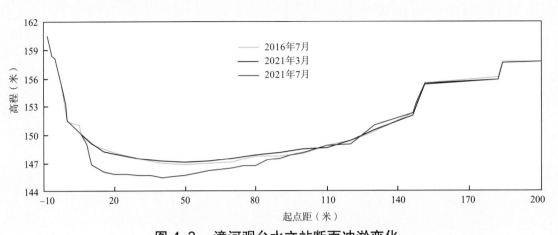

图 4-3　漳河观台水文站断面冲淤变化

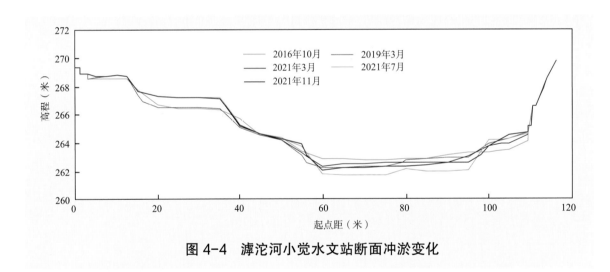

图 4-4　滹沱河小觉水文站断面冲淤变化

四、重要泥沙事件

卫河洪水导致左堤出现漫溢决口

2021 年 7 月 17—22 日，受低涡和低空急流共同影响，海河流域南部区域出现入汛以来最强降雨过程，太行山地区普降大到暴雨，局部特大暴雨。卫河出现了 1963 年以来最强降雨过程，卫河及其 4 条支流发生超保洪水，其中淇门站超过保证水位 1.93 米，卫河 8 个蓄滞洪区启用。7 月 22 日晚，河南省鹤壁市浚县新镇镇彭村新镇桥下游约 400 米处的卫河左堤出现漫溢决口，经过各方力量连续抢险，7 月 26 日凌晨成功封堵。

灵渠（姚章民　摄）

第五章　珠江

一、概述

2021 年珠江流域主要水文控制站实测水沙特征值与多年平均值比较，各站年径流量偏小 7%～70%；柳江柳州站年输沙量持平，其他站偏小 62%～99%。与近 10 年平均值比较，2021 年各站年径流量偏小 7%～68%；各站年输沙量偏小 29%～96%。与上年度比较，2021 年南盘江小龙潭站和南渡江龙塘站径流量分别增大 14% 和 58%，其他站减小 7%～51%；龙塘站年输沙量增大 93%，小龙潭站基本持平，其他站减小 31%～84%。

马口水文站断面 1990 年以前主槽冲淤基本平衡，1990 年以后河床逐年有所下切，2010 年以后略有回淤。

二、径流量与输沙量

（一）2021 年实测水沙特征值

2021 年珠江流域主要水文控制站实测水沙特征值与多年平均值、近 10 年平均值及 2020 年值的比较见表 5-1 和图 5-1。

2021 年珠江流域主要水文控制站实测径流量与多年平均值比较，南盘江小龙潭、北盘江大渡口、红水河迁江、柳江柳州、郁江南宁、浔江大湟江口、桂江平乐、西江梧州、西江高要、北江石角、东江博罗、韩江潮安和南渡江龙塘各站分别偏小 54%、26%、31%、7%、38%、29%、16%、32%、34%、44%、66%、70% 和 16%；与近 10 年平均值比较，上述各站年径流量分别偏小 34%、13%、25%、15%、36%、30%、31%、33%、35%、44%、64%、68% 和 7%；与上年度比较，小龙潭站和龙塘站年径流量分别增大 14% 和 58%，大渡口、迁江、柳州、南宁、大湟江口、平乐、梧州、高要、石角、博罗和潮安各站分别减小 7%、26%、33%、21%、31%、37%、33%、34%、36%、51% 和 46%。

2021 年珠江流域主要水文控制站实测输沙量与多年平均值比较，柳州站持平，小龙潭、大渡口、迁江、南宁、大湟江口、平乐、梧州、高要、石角、博罗、潮安和龙塘各站分别偏小 62%、86%、99%、92%、88%、77%、93%、92%、70%、97%、99% 和 76%；与近 10 年平均值比较，小龙潭、大渡口、迁江、柳州、南宁、大湟江口、平乐、梧州、高要、石角、博罗、潮安和龙塘各站年输沙量分别偏小 29%、48%、80%、41%、78%、62%、76%、73%、72%、64%、92%、96% 和 67%；与上年度比较，龙塘站年输沙量增大 93%，小龙潭站基本持平，大渡口、迁江、柳州、南宁、大湟江口、

表 5-1　珠江流域主要水文控制站实测水沙特征值对比

河　流	南盘江	北盘江	红水河	柳江	郁江	浔江	桂江	西江	西江	北江	东江	韩江	南渡江
水文控制站	小龙潭	大渡口	迁江	柳州	南宁	大湟江口	平乐	梧州	高要	石角	博罗	潮安	龙塘
控制流域面积（万平方公里）	1.54	0.85	12.89	4.54	7.27	28.85	1.22	32.70	35.15	3.84	2.53	2.91	0.68
年径流量（亿立方米）多年平均	35.36 (1953—2020年)	35.33 (1963—2020年)	646.9 (1954—2020年)	398.7 (1954—2020年)	368.2 (1954—2020年)	1706 (1954—2020年)	129.4 (1954—2020年)	2028 (1954—2020年)	2186 (1954—2020年)	417.8 (1957—2020年)	232.0 (1954—2020年)	245.5 (1955—2020年)	56.38 (1956—2020年)
近10年平均	24.59	30.04	595.0	437.4	354.2	1720	157.0	2054	2222	415.5	217.1	230.1	50.71
2020年	14.16	28.09	609.8	550.1	285.8	1754	171.5	2057	2173	364.0	157.1	134.1	29.93
2021年	16.14	25.99	448.9	370.2	226.7	1204	108.9	1379	1436	232.9	77.73	72.59	47.32
年输沙量（万吨）多年平均	427 (1964—2020年)	822 (1965—2020年)	3280 (1954—2020年)	570 (1955—2020年)	770 (1954—2020年)	4760 (1954—2020年)	139 (1955—2020年)	5280 (1954—2020年)	5650 (1954—2020年)	525 (1957—2020年)	217 (1954—2020年)	557 (1955—2020年)	33.0 (1956—2020年)
近10年平均	229	220	102	974	259	1480	129	1440	1710	436	89.2	166	24.5
2020年	158	191	72.1	2030	83.4	1700	191	1640	1830	404	44.3	17.6	4.17
2021年	162	114	20.2	572	57.8	563	31.5	396	474	156	6.96	6.78	8.03
年平均含沙量（千克/立方米）多年平均	1.21 (1964—2020年)	2.34 (1965—2020年)	0.507 (1954—2020年)	0.145 (1955—2020年)	0.209 (1954—2020年)	0.279 (1954—2020年)	0.108 (1955—2020年)	0.260 (1954—2020年)	0.258 (1957—2020年)	0.127 (1954—2020年)	0.094 (1954—2020年)	0.227 (1955—2020年)	0.058 (1956—2020年)
2020年	1.12	0.680	0.012	0.369	0.029	0.097	0.111	0.080	0.084	0.111	0.028	0.013	0.014
2021年	1.00	0.439	0.004	0.155	0.025	0.047	0.029	0.029	0.033	0.067	0.009	0.009	0.017
输沙模数[吨/(年·平方公里)]多年平均	277 (1964—2020年)	970 (1965—2020年)	254 (1954—2020年)	126 (1955—2020年)	106 (1954—2020年)	165 (1954—2020年)	114 (1955—2020年)	161 (1954—2020年)	161 (1957—2020年)	137 (1954—2020年)	85.5 (1954—2020年)	191 (1955—2020年)	48.6 (1956—2020年)
2020年	103	226	5.60	447	11.5	58.9	157	50.2	52.1	105	17.5	6.00	6.10
2021年	105	134	1.57	126	7.95	19.5	25.8	12.1	13.5	40.6	2.75	2.33	11.8

注　大渡口站泥沙 1966 年、1968 年、1970 年、1971 年、1975 年、1984—1986 年缺测或部分月缺测。

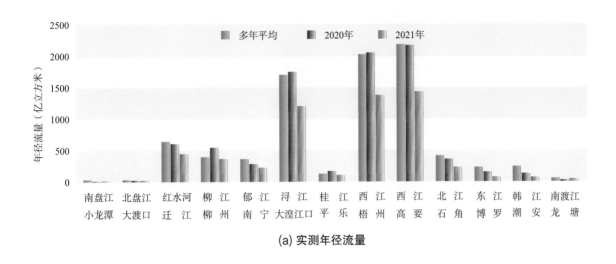

(a) 实测年径流量

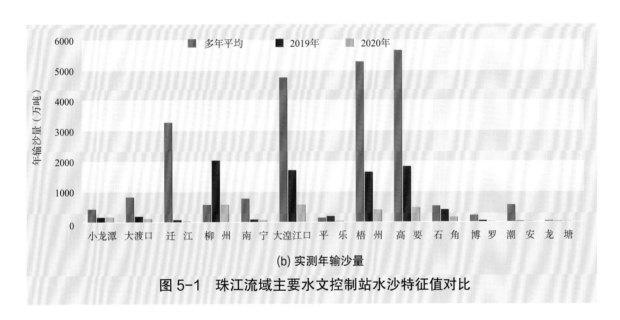

(b) 实测年输沙量

图 5-1 珠江流域主要水文控制站水沙特征值对比

平乐、梧州、高要、石角、博罗和潮安各站分别减小 40%、72%、72%、31%、67%、83%、76%、74%、61%、84% 和 61%。

（二）径流量与输沙量年内变化

2021 年珠江流域主要水文控制站逐月径流量与输沙量的变化见图 5-2。珠江流域主要水文控制站径流量与输沙量时空分布不匀，小龙潭、大渡口、南宁、博罗和潮安各站径流量和输沙量主要集中在 5—10 月，分别占全年的 48%～78% 和 63%～98%，其中博罗站径流量和输沙量分布较均匀；迁江、柳州、大湟江口、平乐、梧州、高要和石角各站径流量和输沙量主要集中在 3—8 月，分别占全年的 66%～81% 和 90%～100%；龙塘站径流量和输沙量主要集中在 9—11 月，分别占全年的 67% 和 86%。

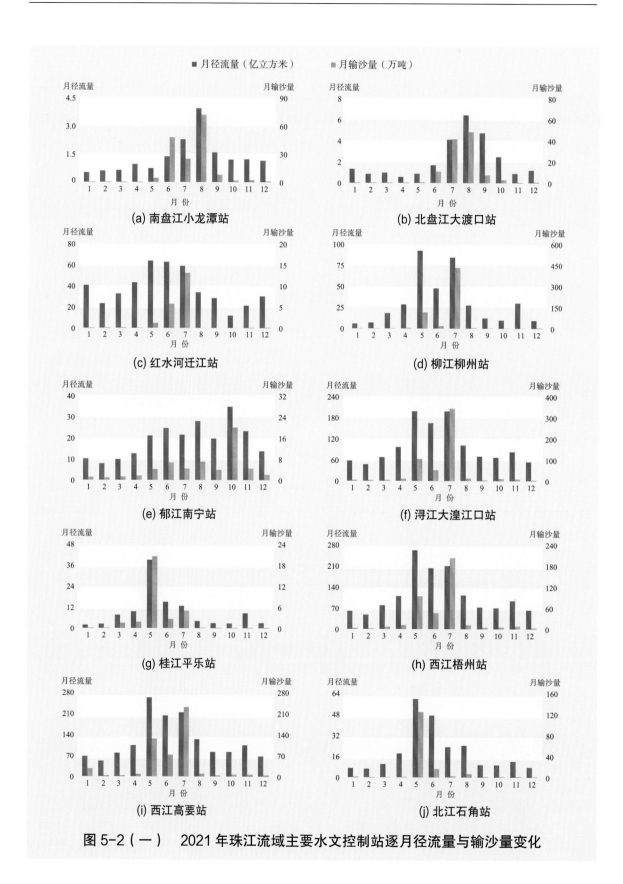

图 5-2（一） 2021 年珠江流域主要水文控制站逐月径流量与输沙量变化

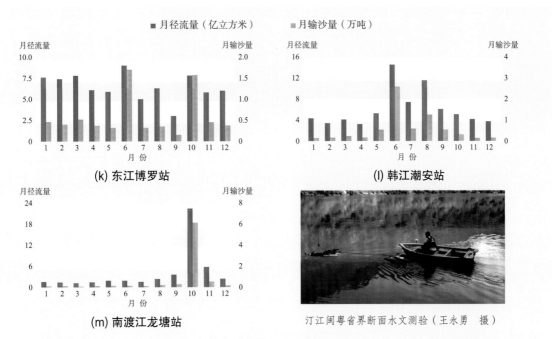

(k) 东江博罗站   (l) 韩江潮安站

(m) 南渡江龙塘站   汀江闽粤省界断面水文测验（王永勇　摄）

图 5-2（二）　2021 年珠江流域主要水文控制站逐月径流量与输沙量变化

三、典型断面冲淤变化

马口水文站位于广东省佛山市三水区西南街道马口村，至河口距离 129 公里，是西江、北江三角洲顶部的西江干流水道入口控制站，西江、北江洪水经上游 4.5 公里的思贤滘自然调节后流经马口水文站。

马口水文站断面冲淤变化见图 5-3。马口水文站断面 1990 年以前主槽冲淤基本平衡，1990 年后由于采砂河床逐年有所下切，特别是 1995—2010 年，下切幅度增加，2010 年以后略有回淤，但总体变化不大。

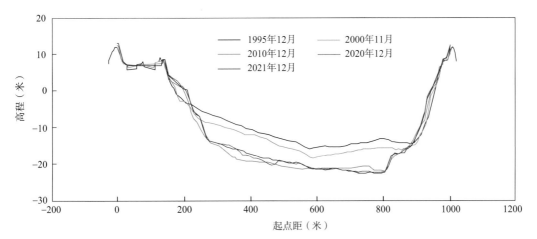

图 5-3　马口水文站断面冲淤变化

绥芬河中游河段（冯志刚 摄）

第六章 松花江与辽河

一、概述

（一）松花江

2021 年松花江流域主要水文控制站实测径流量与多年平均值比较，各站偏大 11%～177%；与近 10 年平均值比较，呼兰河秦家站年径流量偏小 10%，牡丹江牡丹江站基本持平，其他站偏大 18%～122%；与上年度比较，秦家站和牡丹江站年径流量分别减小 21% 和 35%，第二松花江扶余站基本持平，其他站增大 38%～71%。

2021 年松花江流域主要水文控制站实测输沙量与多年平均值比较，扶余站和牡丹江站分别偏小 73% 和 46%，秦家站基本持平，其他站偏大 68%～443%；与近 10 年平均值比较，嫩江江桥、嫩江大赉和松花江干流哈尔滨各站年输沙量偏大 86%～169%，其他站偏小 20%～55%；与上年度比较，江桥、大赉和哈尔滨各站年输沙量增大 53%～218%，其他站减小 26%～90%。

2021 年度嫩江江桥水文站断面右侧主槽局部略有冲刷下切，断面其他位置无明显冲淤变化。

（二）辽河

2021 年辽河流域主要水文控制站实测径流量与多年平均值比较，老哈河兴隆坡站偏小 90%，西拉木伦河巴林桥站和柳河新民站基本持平，其他站偏大 15%～73%；与近 10 年平均值比较，兴隆坡站年径流量偏小 15%，其他站偏大 12%～86%；与上年度比较，东辽河王奔站年径流量减小 8%，其他站增大 9%～66%。

2021 年辽河流域主要水文控制站实测输沙量与多年平均值比较，王奔站基本持平，其他站偏小 30%～98%；与近 10 年平均值比较，新民站年输沙量基本持平，其他站偏大 24%～240%；与上年度比较，辽河干流铁岭站年输沙量基本持平，其他站增大 6%～486%。

2021 年度辽河干流六间房水文站断面右岸受汛期洪水冲淤影响，汛后与汛前相比略有变化。

二、径流量与输沙量

（一）松花江

1. 2021 年实测水沙特征值

2021 年松花江流域主要水文控制站实测水沙特征值与多年平均值、近 10 年平均值及 2020 年值的比较见表 6-1 和图 6-1。

2021 年松花江流域主要水文控制站实测径流量与多年平均值比较，嫩江江桥、嫩江大赉、第二松花江扶余、松花江干流哈尔滨、呼兰河秦家和牡丹江牡丹江各站分别偏大 155%、177%、26%、103%、16% 和 11%；与近 10 年平均值比较，江桥、大赉、扶余和哈尔滨各站年径流量分别偏大 103%、122%、18% 和 78%，秦家站偏小 10%，牡丹江站基本持平；与上年度比较，江桥、大赉和哈尔滨各站年径流量分别增大 58%、71% 和 38%，扶余站基本持平，秦家站和牡丹江站分别减小 21% 和 35%。

2021 年松花江流域主要水文控制站实测输沙量与多年平均值比较，江桥、大赉和哈尔滨各站分别偏大 443%、331% 和 68%，秦家站基本持平，扶余站和牡丹江站分别偏小 73% 和 46%；与近 10 年平均值比较，江桥、大赉和哈尔滨各站年输沙量分别偏大 169%、86% 和 129%，扶余、秦家和牡丹江各站年输沙量分别偏小 36%、20% 和 55%；与上年度比较，江桥、大赉和哈尔滨各站年输沙量分别增大 218%、53% 和 94%，扶余、秦家和牡丹江各站分别减小 26%、58% 和 90%。

2. 径流量与输沙量年内变化

2021 年松花江流域主要水文控制站逐月径流量与输沙量的变化见图 6-2。2021 年松花江流域各站径流量和输沙量主要集中在 5—10 月，分别占全年的 69%～88% 和 88%～96%。

3. 洪水泥沙

2021 年松花江流域发生 4 次编号洪水，松花江干流和支流嫩江分别发生 1 次和 3 次编号洪水。8 月 1—27 日在嫩江发生的 3 号洪水较大，江桥站对应的径流量和输沙量分别为 127.3 亿立方米和 243 万吨，最大洪峰流量达 7340 立方米／秒；在嫩江 3 号洪水的基础上，于 8 月 13—27 日发生松花江干流 4 号洪水，哈尔滨站对应的径流量和输沙量分别为 102.0 亿立方米和 201 万吨，最大洪峰流量达 8700 立方米／秒。松花江流域各编号洪水的水沙特征值见表 6-2。

表 6-1 2021 年松花江流域主要水文控制站实测水沙特征值与对比

河 流	嫩 江	嫩 江	第二松花江	松花江干流	呼兰河	牡丹江
水文控制站	江 桥	大 赉	扶 余	哈尔滨	秦 家	牡丹江
控制流域面积（万平方公里）	16.26	22.17	7.18	38.98	0.98	2.22
年径流量（亿立方米）多年平均	205.5 (1955—2020年)	207.5 (1955—2020年)	148.7 (1955—2020年)	407.4 (1955—2020年)	22.01 (2005—2020年)	50.80 (2005—2020年)
年径流量（亿立方米）近10年平均	258.8	259.1	159.0	464.1	28.48	58.06
年径流量（亿立方米）2020年	332.8	335.7	189.1	601.2	32.12	86.95
年径流量（亿立方米）2021年	524.9	574.0	187.9	826.9	25.49	56.39
年输沙量（万吨）多年平均	219 (1955—2020年)	176 (1955—2020年)	189 (1955—2020年)	570 (1955—2020年)	17.0 (2005—2020年)	105 (2005—2020年)
年输沙量（万吨）近10年平均	443	408	80.4	418	20.4	125
年输沙量（万吨）2020年	374	496	70.1	494	38.4	571
年输沙量（万吨）2021年	1190	759	51.6	957	16.3	56.4
年平均含沙量（千克/立方米）多年平均	0.107 (1955—2020年)	0.085 (1955—2020年)	0.127 (1955—2020年)	0.140 (1955—2020年)	0.077 (2005—2020年)	0.207 (2005—2020年)
年平均含沙量（千克/立方米）2020年	0.112	0.148	0.037	0.082	0.120	0.657
年平均含沙量（千克/立方米）2021年	0.227	0.132	0.027	0.116	0.064	0.100
输沙模数[吨/(年·平方公里)]多年平均	13.5 (1955—2020年)	7.94 (1955—2020年)	26.3 (1955—2020年)	14.6 (1955—2020年)	17.3 (2005—2020年)	47.3 (2005—2020年)
输沙模数[吨/(年·平方公里)]2020年	23.0	22.4	9.76	12.7	39.2	257
输沙模数[吨/(年·平方公里)]2021年	73.2	34.2	7.19	24.6	16.6	25.4

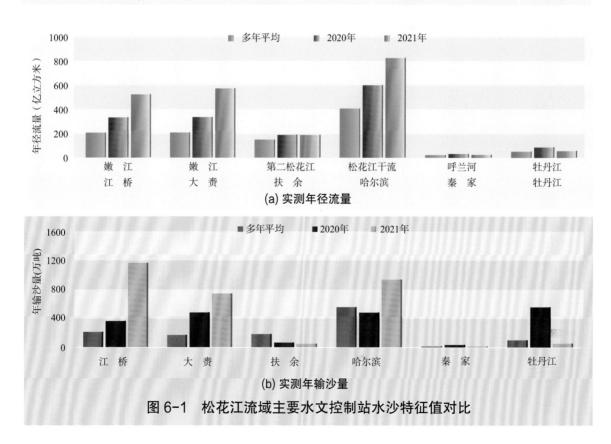

(a) 实测年径流量

(b) 实测年输沙量

图 6-1 松花江流域主要水文控制站水沙特征值对比

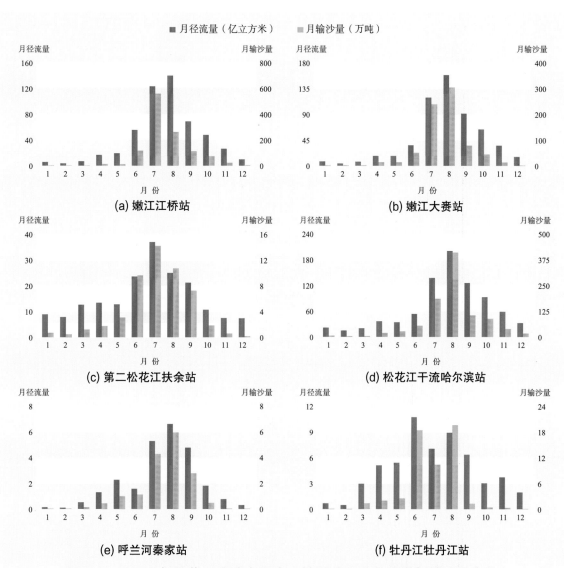

图 6-2　2021 年松花江流域主要水文控制站逐月径流量与输沙量变化

表 6-2　2021 年松花江流域洪水泥沙特征值

河流	洪水编号	水文站	洪水起止时间（月.日）	径流量（亿立方米）	输沙量（万吨）	洪峰流量		最大含沙量	
						流量（立方米/秒）	发生时间（月.日 时:分）	含沙量（千克/立方米）	发生时间（月.日 时:分）
嫩江	1	江桥	6.21—7.18	91.83	198	4480	6.28 6:24	0.430	7.3 8:30
		大赉	6.21—7.18	80.76	125	4130	7.10 12:00	0.204	6.25 8:00
	2	江桥	7.19—7.31	62.08	440	6460	7.26 16.38	1.74	7.23 10:20
		大赉	7.19—7.31	53.58	148	5950	8.3 9:00	0.370	7.28 0:00
	3	江桥	8.1—8.27	127.3	243	7340	8.11 14:48	0.277	8.2 8:00
		大赉	8.1—8.27	137.7	292	7230	8.16 11:00	0.287	8.1 0:00
松花江干流	1	哈尔滨	8.13—8.27	102.0	201	8700	8.22 10:00	0.301	8.22 12:50

（二）辽河

1. 2021 实测水沙特征值

2021 年辽河流域主要水文控制站水沙特征值与多年平均值、近 10 年平均值及 2020 年值的比较见表 6-3 和图 6-3。

2021 年辽河流域主要水文控制站实测径流量与多年平均值比较，老哈河兴隆坡站偏小 90%，西拉木伦河巴林桥站和柳河新民站基本持平，东辽河王奔、太子河唐马寨、浑河邢家窝棚、干流铁岭和干流六间房各站分别偏大 73%、68%、15%、25% 和 64%；与近 10 年平均值比较，兴隆坡站年径流量偏小 15%，巴林桥、王奔、新民、唐马寨、邢家窝棚、铁岭和六间房各站分别偏大 12%、18%、86%、68%、15%、46% 和 65%；与上年度比较，兴隆坡、巴林桥、新民、唐马寨、邢家窝棚、铁岭和六间房各站年径流量分别增大 51%、30%、66%、65%、9%、19% 和 42%，王奔站减小 8%。

表 6-3　2021 年辽河流域主要水文控制站实测水沙特征值对比

河　　流		老哈河	西拉木伦河	东辽河	柳河	太子河	浑　河	辽河干流	辽河干流
水文控制站		兴隆坡	巴林桥	王　奔	新　民	唐马寨	邢家窝棚	铁　岭	六间房
控制流域面积 （万平方公里）		1.91	1.12	1.04	0.56	1.12	1.11	12.08	13.65
年径流量 （亿立方米）	多年平均	4.306 (1963—2020年)	3.141 (1994—2020年)	5.501 (1989—2020年)	1.988 (1965—2020年)	24.23 (1963—2020年)	19.31 (1955—2020年)	28.62 (1954—2020年)	28.27 (1987—2020年)
	近 10 年平均	0.5142	2.674	8.055	1.018	24.30	19.42	24.60	27.99
	2020 年	0.2877	2.316	10.37	1.137	24.62	20.43	30.13	32.50
	2021 年	0.4350	3.003	9.504	1.890	40.74	22.28	35.88	46.23
年输沙量 （万吨）	多年平均	1150 (1963—2020年)	388 (1994—2020年)	41.7 (1989—2020年)	331 (1965—2020年)	94.7 (1963—2020年)	72.7 (1955—2020年)	992 (1954—2020年)	337 (1987—2020年)
	近 10 年平均	5.79	187	30.0	55.8	34.6	27.4	99.7	152
	2020 年	3.36	175	18.8	38.9	34.1	32.1	129	156
	2021 年	19.7	248	43.8	57.3	50.4	34.1	131	236
年平均 含沙量 （千克/立方米）	多年平均	26.7 (1963—2020年)	12.4 (1994—2020年)	0.758 (1989—2020年)	16.6 (1965—2020年)	0.391 (1963—2020年)	0.376 (1955—2020年)	3.47 (1954—2020年)	1.19 (1987—2020年)
	2020 年	1.17	7.56	0.181	3.42	0.139	0.157	0.428	0.480
	2021 年	4.53	8.26	0.461	3.03	0.124	0.153	0.365	0.510
年平均 中数粒径 （毫米）	多年平均	0.023 (1982—2020年)	0.022 (1994—2020年)			0.036 (1963—2020年)	0.044 (1955—2020年)	0.029 (1962—2020年)	
	2020 年	0.013	0.024			0.029	0.034	0.031	
	2021 年	0.011	0.004			0.018	0.034	0.016	
输沙模数 [吨/(年·平方公里)]	多年平均	602 (1963—2020年)	346 (1994—2020年)	40.1 (1989—2020年)	591 (1965—2020年)	84.6 (1963—2020年)	65.5 (1955—2020年)	82.1 (1954—2020年)	24.7 (1987—2020年)
	2020 年	1.76	156	18.1	69.5	30.4	28.9	10.7	11.4
	2021 年	10.3	221	42.1	102	45.0	30.7	10.8	17.3

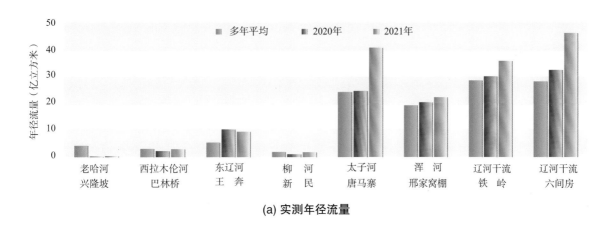

(a) 实测年径流量

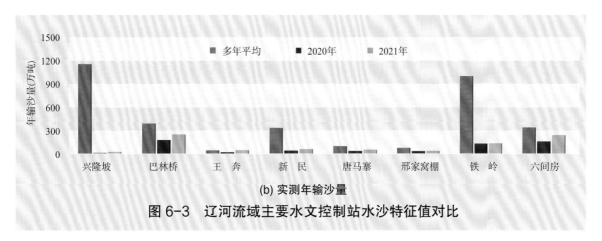

(b) 实测年输沙量

图 6-3　辽河流域主要水文控制站水沙特征值对比

2021 年辽河流域主要水文控制站实测输沙量与多年均值比较，兴隆坡、巴林桥、新民、唐马寨、邢家窝棚、铁岭和六间房各站分别偏小 98%、36%、83%、47%、53%、87% 和 30%，王奔站基本持平；与近 10 年平均值比较，兴隆坡、巴林桥、王奔、唐马寨、邢家窝棚、铁岭和六间房各站年输沙量分别偏大 240%、33%、46%、46%、24%、31% 和 55%，新民站基本持平；与上年度比较，兴隆坡、巴林桥、王奔、新民、唐马寨、邢家窝棚和六间房各站年输沙量分别增大 486%、42%、133%、47%、48%、6% 和 51%，铁岭站基本持平。

2. 径流量与输沙量年内变化

2021 年辽河流域主要水文控制站逐月径流量与输沙量的变化见图 6-4。2021 年辽河流域各水文站径流量与输沙量年内分布差异较大，兴隆坡站径流量主要集中在 9—12 月，占全年的 73%，输沙量最大值出现在 7 月，占全年的 86%；新民站径流量和输沙量主要集中在 5—9 月，分别占全年的 85% 和 99%；巴林桥、王奔、唐马寨、邢家窝棚、铁岭和六间房各站径流量和输沙量主要集中在 6—11 月，分别占全年的 74% ～ 80% 和 92% ～ 100%。

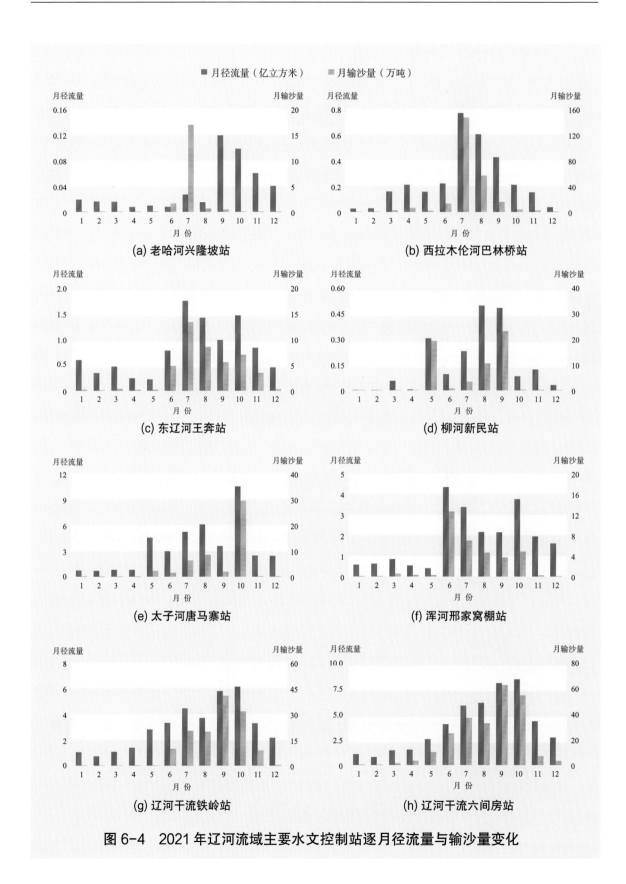

图 6-4 2021 年辽河流域主要水文控制站逐月径流量与输沙量变化

三、典型断面冲淤变化

（一）嫩江江桥水文站断面

嫩江江桥水文站断面河床冲淤变化见图 6-5（大连基面）。与 2020 年相比，2021 年江桥站断面主槽右侧起点距 50～200 米和 700～900 米范围略有冲刷下切，其他位置无明显冲淤变化。

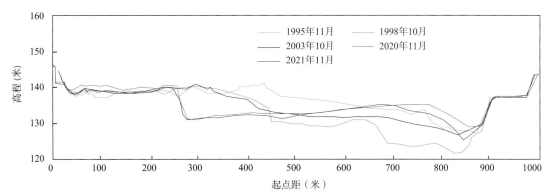

图 6-5　嫩江江桥水文站断面冲淤变化

（二）辽河干流六间房水文站断面

辽河干流六间房水文站断面冲淤变化见图 6-6。自 2003 年以来，六间房水文站断面形态总体比较稳定，滩地冲淤变化不明显；河槽有冲有淤，深泓略有变化，其中，2003—2009 年，主槽略有淤积，左岸发生冲刷，右岸发生淤积；2010 年以后，深泓主槽发生左移，河槽基本稳定。与 2020 年相比，2021 年六间房站断面右岸受洪水影响冲淤略有变化。

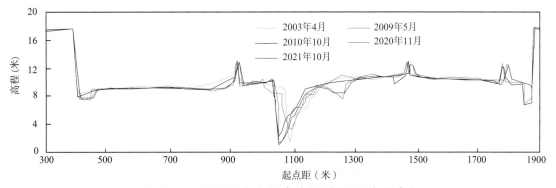

图 6-6　辽河干流六间房水文站断面冲淤变化

钱塘江与曹娥江交汇口 （金俏俏 提供）

第七章　东南河流

一、概述

以钱塘江和闽江作为东南河流的代表性河流。

（一）钱塘江

2021 年钱塘江流域主要水文控制站实测径流量与多年平均值比较，衢江衢州、兰江兰溪、曹娥江上虞东山和浦阳江诸暨各站偏大 8%～24%；与近 10 年平均值比较，上虞东山站年径流量偏大 21%，其他站基本持平；与上年度比较，兰溪站和诸暨站年径流量基本持平，衢州站和上虞东山站分别增大 6% 和 32%。

2021 年钱塘江流域主要水文控制站实测输沙量与多年平均值比较，兰溪站和上虞东山站基本持平，诸暨站偏小 43%；与近 10 年平均值比较，兰溪站年输沙量偏小 24%，上虞东山站和诸暨站基本持平；与上年度比较，兰溪站年输沙量减小 16%，上虞东山站和诸暨站分别增大 87% 和 15%。

2021 年度兰江兰溪水文站断面形态基本稳定，局部略有冲淤变化。

（二）闽江

2021 年闽江流域主要水文控制站实测径流量与多年平均值比较，闽江干流竹岐、建溪七里街、富屯溪洋口、沙溪沙县（石桥）和大樟溪永泰（清水壑）各站偏小 10%～56%；与近 10 年平均值相比，各站年径流量偏小 17%～56%；与上年度比较，七里街站和永泰（清水壑）站年径流量分别增大 6% 和 56%，其他站减小 9%～25%。

2021 年闽江流域主要水文控制站实测输沙量与多年平均值比较，七里街站偏大 32%，其他站偏小 15%～93%；与近 10 年平均值比较，七里街站年输沙量偏大 27%，其他站偏小 31%～93%；与上年度比较，洋口站年输沙量基本持平，沙县（石桥）站减小 40%，其他站增大 42%～158%。

2021 年闽江竹岐水文站断面冲淤变化不大。

二、径流量与输沙量

（一）钱塘江

1. 2021 年实测水沙特征值

2021 年钱塘江流域主要水文控制站实测水沙特征值与多年平均值、近 10 年平均值及 2020 年值的比较见表 7-1 和图 7-1。

2021 年钱塘江流域主要水文控制站实测径流量与多年平均值比较，衢江衢州、兰江兰溪、曹娥江上虞东山和浦阳江诸暨各站分别偏大 17%、16%、24% 和 8%；与近 10 年平均值比较，上虞东山站年径流量偏大 21%，衢州、兰溪和诸暨各站基本持平；与上年度比较，兰溪站和诸暨站年径流量基本持平，衢州站和上虞东山站分别增大 6% 和 32%。

表 7-1 钱塘江流域主要水文控制站实测水沙特征值对比

河 流		衢 江	兰 江	曹 娥 江	浦 阳 江
水文控制站		衢 州	兰 溪	上虞东山	诸 暨
控制流域面积（万平方公里）		0.54	1.82	0.44	0.17
年径流量 （亿立方米）	多年平均	62.91 (1958—2020 年)	172.0 (1977—2020 年)	34.38 (2012—2020 年)	11.91 (1956—2020 年)
	近 10 年平均	70.84	204.0	35.20	13.60
	2020 年	69.97	203.6	32.23	13.49
	2021 年	73.86	199.3	42.58	12.90
年输沙量 （万吨）	多年平均	101 (1958—2020 年)	227 (1977—2020 年)	32.1 (2012—2020 年)	16.0 (1956—2020 年)
	近 10 年平均	（75.4）	308	32.3	8.99
	2020 年	98.3	281	18.0	7.98
	2021 年		235	33.6	9.15
年平均含沙量 （千克/立方米）	多年平均	0.161 (1958—2020 年)	0.132 (1977—2020 年)	0.093 (2012—2020 年)	0.134 (1956—2020 年)
	2020 年	0.141	0.138	0.056	0.059
	2021 年		0.118	0.079	0.071
输沙模数 [吨/(年·平方公里)]	多年平均	187 (1958—2020 年)	125 (1977—2020 年)	73.0 (2012—2020 年)	94.1 (1956—2020 年)
	2020 年	181	154	41.2	46.4
	2021 年		129	76.9	53.2

注 1. 上虞东山站上游钦村水库跨流域引水量、汤浦水库管网引水量和曹娥江引水工程引水量未参加径流量计算。
2. 2021 年衢州站因水文站现代化示范改造项目，泥沙观测停测 1 年；近 10 年平均年输沙量为 2012—2020 年的平均值。

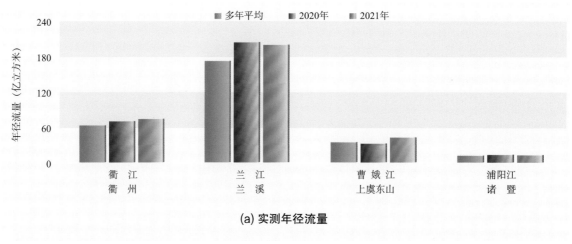

(a) 实测年径流量

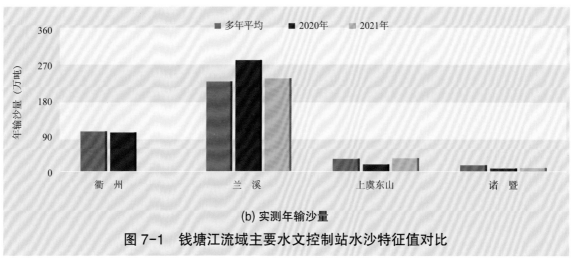

(b) 实测年输沙量

图 7-1 钱塘江流域主要水文控制站水沙特征值对比

2021 年钱塘江流域主要水文控制站实测输沙量与多年平均值比较，兰溪站和上虞东山站基本持平，诸暨站偏小 43%；与近 10 年平均值比较，兰溪站年输沙量偏小 24%，上虞东山站和诸暨站基本持平；与上年度比较，兰溪站年输沙量减小 16%，上虞东山站和诸暨站分别增大 87% 和 15%。

2. 径流量与输沙量年内变化

2021 年钱塘江流域主要水文控制站逐月径流量与输沙量的变化见图 7-2。2021 年钱塘江流域衢州、兰溪、上虞东山和诸暨各站汛期 4—10 月径流量和输沙量分别占全年的 83% ～ 88% 和 94% ～ 98%，其中 5—8 月分别占全年的 68% ～ 72% 和 89% ～ 93%，最大月径流量与月输沙量分别占全年的 24% ～ 26% 与 39% ～ 50%。

3. 洪水泥沙

2021 年，钱塘江干流受强降雨影响出现 2 次编号洪水，钱塘江支流浦阳江受第 6 号台风"烟花"影响出现 1 次编号洪水，洪水泥沙特征值见表 7-2。

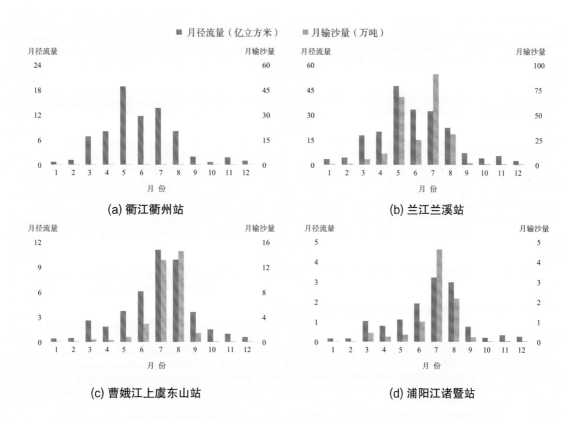

图 7-2　2021 年钱塘江流域主要水文控制站逐月径流量与输沙量变化

表 7-2　2021 年钱塘江流域洪水泥沙特征值

河流	洪水编号	水文站	最大1日洪水径流量		最大1日洪水输沙量		最大3日洪水径流量		最大3日洪水输沙量		洪峰流量		最大含沙量	
			径流量（亿立方米）	发生时间（月.日）	输沙量（万吨）	发生时间（月.日）	径流量（亿立方米）	起始时间（月.日）	输沙量（万吨）	起始时间（月.日）	流量（立方米/秒）	发生时间（月.日 时:分）	含沙量（千克/立方米）	发生时间（月.日 时:分）
衢江	1	衢州站	2.333	5.24			5.331	5.22			4940	5.23 23:40		
兰江	1	兰溪站	4.873	5.24	25.1	5.24	11.72	5.22	34.7	5.22	7370	5.24 4:00	0.685	5.24 7:24
浦阳江	1	诸暨站	0.5867	7.25	2.04	7.25	1.526	7.25	3.54	7.25	808	7.25 14:55	0.400	7.25 13:00
衢江	2	衢州站	5.020	7.1			11.30	6.30			6970	7.2 0:30		
兰江	2	兰溪站	7.404	7.1	42.9	7.1	18.14	6.30	86.2	6.30	10000	7.2 7:30	0.861	7.1 12:45

注　1.表内洪水编号为干支流独立编号。

　　2.兰溪站年最大含沙量为 0.881 千克/立方米（8 月 17 日）。

（二）闽江

1.2021 年实测水沙特征值

2021 年闽江流域主要水文控制站实测水沙特征值与多年平均值、近 10 年平均值及 2020 年值的比较见表 7-3 和图 7-3。

2021 年闽江干流水文控制站竹岐站实测径流量较多年平均值和近 10 年平均值分别偏小 30% 和 34%，较上年度减小 9%；年实测输沙量较多年平均值和近 10 年平均值分别偏小 76% 和 31%，较上年度增大 42%。

2021 年闽江主要支流水文控制站实测径流量与多年平均值比较，建溪七里街、富屯溪洋口、沙溪沙县（石桥）和大樟溪永泰（清水壑）各站分别偏小 10%、28%、56% 和 31%；与近 10 年平均值比较，七里街、洋口、沙县（石桥）和永泰（清水壑）各站年径流量分别偏小 17%、35%、56% 和 18%；与上年度比较，七里街站和永泰（清

表 7-3 闽江流域主要水文控制站实测水沙特征值对比

河　流		闽　江	建　溪	富屯溪	沙　溪	大樟溪
水文控制站		竹　岐	七里街	洋　口	沙县（石桥）	永泰（清水壑）
控制流域面积（万平方公里）		5.45	1.48	1.27	0.99	0.40
年径流量（亿立方米）	多年平均	539.7 (1950—2020 年)	156.8 (1953—2020 年)	139.7 (1952—2020 年)	93.24 (1952—2020 年)	36.35 (1952—2020 年)
	近 10 年平均	567.2	169.8	155.1	93.74	30.57
	2020 年	415.0	133.4	118.5	55.07	16.05
	2021 年	377.0	141.1	100.9	41.29	25.11
年输沙量（万吨）	多年平均	525 (1950—2020 年)	150 (1953—2020 年)	136 (1952—2020 年)	109 (1952—2020 年)	50.9 (1952—2020 年)
	近 10 年平均	182	157	207	118	29.0
	2020 年	88.5	109	118	13.0	3.88
	2021 年	126	199	116	7.75	10.0
年平均含沙量（千克/立方米）	多年平均	0.097 (1950—2020 年)	0.095 (1953—2020 年)	0.093 (1952—2020 年)	0.114 (1952—2020 年)	0.138 (1952—2020 年)
	2020 年	0.021	0.082	0.099	0.024	0.024
	2021 年	0.033	0.141	0.115	0.019	0.040
输沙模数[吨/（年·平方公里）]	多年平均	96.3 (1950—2020 年)	102 (1953—2020 年)	107 (1952—2020 年)	110 (1952—2020 年)	126 (1952—2020 年)
	2020 年	16.2	73.7	92.9	13.1	9.60
	2021 年	23.1	135	91.6	7.81	24.8

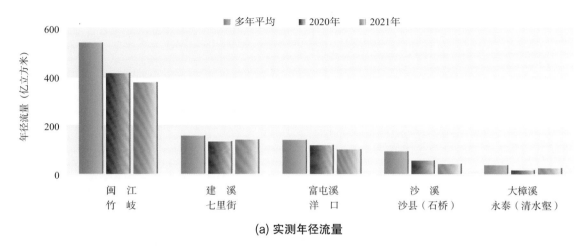

(a) 实测年径流量

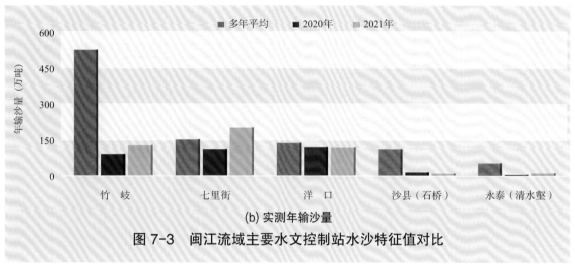

(b) 实测年输沙量

图 7-3　闽江流域主要水文控制站水沙特征值对比

水壑）站年径流量分别增大 6% 和 56%，洋口站和沙县（石桥）站分别减小 15% 和 25%。

2021 年闽江主要支流水文控制站实测输沙量与多年平均值比较，七里街站偏大 32%，洋口、永泰（清水壑）和沙县（石桥）各站分别偏小 15%、80% 和 93%；与近 10 年平均值比较，七里街站年输沙量偏大 27%，洋口、沙县（石桥）和永泰（清水壑）各站分别偏小 44%、93% 和 66%；与上年度比较，七里街站和永泰（清水壑）站年输沙量分别增大 83% 和 158%，沙县（石桥）站减小 40%，洋口站基本持平。

2. 径流量与输沙量年内变化

2021 年闽江流域主要水文控制站逐月径流量与输沙量变化见图 7-4。2021 年闽江流域竹岐、七里街、洋口、沙县（石桥）和永泰（清水壑）各站汛期（4—9 月）径流量和输沙量分别占全年的 66%～83% 和 82%～100%，其中主汛期（4—6 月）占全年的 36%～55% 和 3%～87%，最大月分别占全年的 21%～31% 和 44%～97%。

2O21 中国河流泥沙公报

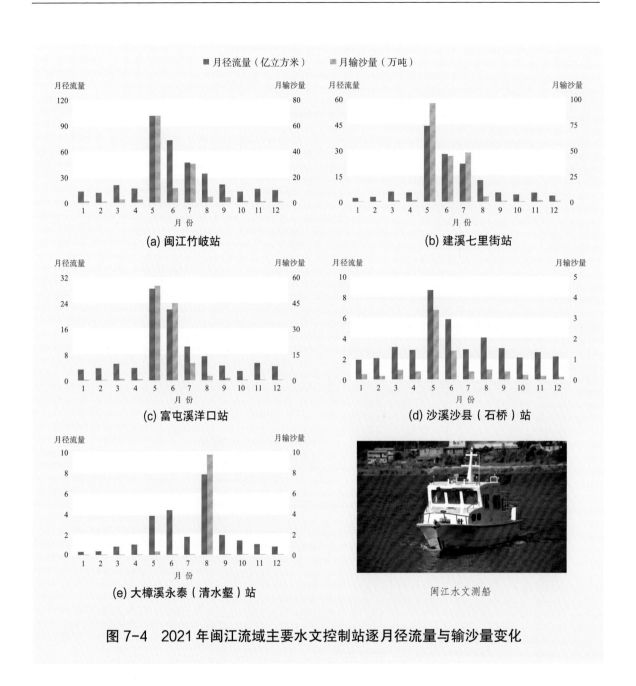

图 7-4 2021 年闽江流域主要水文控制站逐月径流量与输沙量变化

三、典型断面冲淤变化

（一）兰江兰溪水文站断面

　　钱塘江流域兰江兰溪水文站断面冲淤变化见图 7-5。与 2020 年相比，2021 年兰江兰溪水文站断面形态基本稳定，局部略有冲淤变化，其中起点距 1～40 米、190～220 米、388～446.7 米略有冲刷，起点距 80～100 米、150～170 米略有淤积，断面其他部位基本稳定。

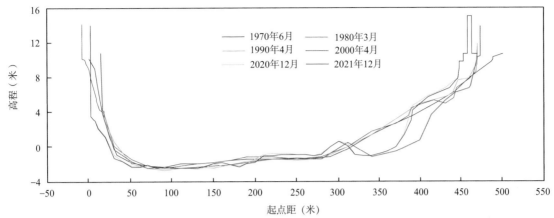

图 7-5　钱塘江流域兰江兰溪水文站断面冲淤变化

（二）闽江干流竹岐水文站断面

闽江干流竹岐水文站断面冲淤变化见图 7-6。与 2020 年相比，2021 年闽江干流竹岐水文站断面冲淤变化不大。

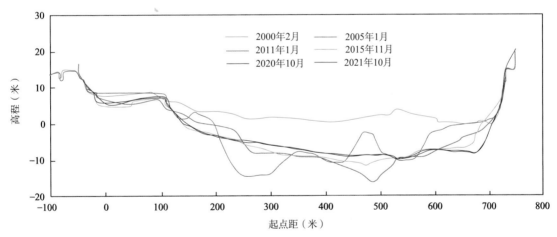

图 7-6　闽江干流竹岐水文站断面冲淤变化

青海湖（龙虎 摄）

第八章 内陆河流

一、概述

以塔里木河、黑河、疏勒河和青海湖区部分河流作为内陆河流的代表性河流。

（一）塔里木河

2021年塔里木河流域主要水文控制站实测径流量与多年平均值比较，塔里木河干流阿拉尔站持平，叶尔羌河卡群站偏小8%，其他站偏大7%～27%；与近10年平均值比较，阿克苏河西大桥（新大河）站年径流量偏大15%，卡群站偏小16%，其他站基本持平；与上年度相比，玉龙喀什河同古孜洛克站年径流量基本持平，其他站增大6%～15%。

2021年塔里木河流域主要水文控制站实测输沙量与多年平均值比较，同古孜洛克站偏大37%，其他站偏小33%～96%；与近10年平均值比较，同古孜洛克站和阿拉尔站年输沙量分别偏大9%和29%，其他站偏小16%～91%；与上年度比较，开都河焉耆站和卡群站年输沙量分别减小49%和47%，同古孜洛克站和阿拉尔站分别增大47%和88%，西大桥（新大河）站基本持平。

（二）黑河

2021年黑河干流莺落峡站和正义峡站实测径流量与多年平均值比较均基本持平；与近10年平均值比较，莺落峡站和正义峡站年径流量分别偏小15%和16%；与上年度比较，莺落峡站和正义峡站年径流量分别偏小12%和16%。

2021年黑河干流莺落峡站和正义峡站实测输沙量与多年平均值比较，分别偏小98%和76%；与近10年平均值比较，莺落峡站和正义峡站年输沙量分别偏小97%和65%；与上年度比较，莺落峡站和正义峡站年输沙量分别减小92%和29%。

（三）疏勒河

2021年疏勒河流域昌马河昌马堡站和党河党城湾站实测径流量与多年平均值比

较，分别偏大 36% 和 8%；与近 10 年平均值比较，昌马堡站和党城湾站年径流量均基本持平；与上年度比较，昌马堡站年径流量增大 15%，党城湾站基本持平。

2021 年疏勒河流域昌马堡站和党城湾站实测输沙量与多年平均值比较，昌马堡站偏大 36%，党城湾站偏小 54%；与近 10 年平均值比较，昌马堡站年输沙量偏大 9%，党城湾站偏小 43%；与上年度比较，昌马堡站和党城湾站年输沙量分别增大 291% 和 61%。

（四）青海湖区

2021 年青海湖区布哈河布哈河口站和依克乌兰河刚察站实测径流量与多年平均值比较，分别偏大 24% 和 9%；与近 10 年平均值比较，布哈河口站和刚察站年径流量分别偏小 29% 和 15%；与上年度比较，布哈河口站和刚察站年径流量分别减小 32% 和 14%。

2021 年青海湖区布哈河口站和刚察站实测输沙量与多年平均值比较，布哈河口站和刚察站分别偏小 25% 和 33%；与近 10 年平均值比较，年输沙量分别偏小 53% 和 42%；与上年度比较，布哈河口站和刚察站年输沙量分别减小 43% 和 12%。

二、径流量与输沙量

（一）塔里木河

1. 2021 年实测水沙特征值

2021 年塔里木河流域主要水文控制站实测水沙特征值与多年平均值、近 10 年平均值及 2020 年值的比较见表 8-1 及图 8-1。

2021 年塔里木河干流阿拉尔站实测水沙特征值与多年平均值比较，年径流量基本持平，年输沙量偏小 26%；与近 10 年平均值比较，年径流量基本持平，年输沙量偏大 29%；与上年度比较，年径流量和年输沙量分别偏大 11% 和 88%。

2021 年塔里木河流域四条源流主要水文控制站实测径流量与多年平均值比较，开都河焉耆、阿克苏河西大桥（新大河）和玉龙喀什河同古孜洛克各站分别偏大 7%、27% 和 16%，叶尔羌河卡群站偏小 8%；与近 10 年平均值比较，西大桥（新大河）站年径流量偏大 15%，卡群站偏小 16%，焉耆站和同古孜洛克站基本持平；与上年度比较，焉耆、西大桥（新大河）和卡群各站年径流量分别增大 8%、15% 和 6%，同古孜洛克站基本持平。

2021 年塔里木河流域四条源流主要水文控制站实测输沙量与多年平均值比较，焉耆、西大桥（新大河）和卡群各站分别偏小 96%、33% 和 90%，同古孜洛克站偏大 37%。与近 10 年平均值比较，焉耆、西大桥（新大河）和卡群各站年输沙量分别偏小 73%、16% 和 91%，同古孜洛克站偏大 9%；与上年度比较，西大桥（新大河）站年输沙量基本持平，焉耆站和卡群站分别减小 49% 和 47%，同古孜洛克站增大 47%。

表 8-1　塔里木河流域主要水文控制站实测水沙特征值对比

河　　流		开都河	阿克苏河	叶尔羌河	玉龙喀什河	塔里木河干流
水文控制站		焉　耆	西大桥（新大河）	卡　群	同古孜洛克	阿拉尔
控制流域面积（万平方公里）		2.25	4.31	5.02	1.46	
年径流量（亿立方米）	多年平均	26.30（1956—2020年）	38.10（1958—2020年）	67.46（1956—2020年）	22.99（1964—2020年）	46.46（1958—2020年）
	近10年平均	27.85	42.00	73.93	27.09	48.32
	2020年	26.13	41.83	58.75	25.48	41.78
	2021年	28.25	48.25	62.29	26.69	46.53
年输沙量（万吨）	多年平均	63.2（1956—2020年）	1710（1958—2020年）	3070（1956—2020年）	1230（1964—2020年）	1990（1958—2020年）
	近10年平均	8.57	1380	3120	1560	1140
	2020年	4.58	1150	555	1160	786
	2021年	2.34	1150	293	1700	1480
年平均含沙量（千克/立方米）	多年平均	0.230（1956—2020年）	4.30（1958—2020年）	4.35（1956—2020年）	5.06（1964—2020年）	4.23（1958—2020年）
	2020年	0.018	2.77	0.946	4.55	1.88
	2021年	0.008	2.38	0.469	6.37	3.17
输沙模数[吨/(年·平方公里)]	多年平均			610（1956—2020年）	844（1964—2020年）	
	2020年			110	796	
	2021年			58.3	1170	

注　泥沙实测资料为不连续水文系列。

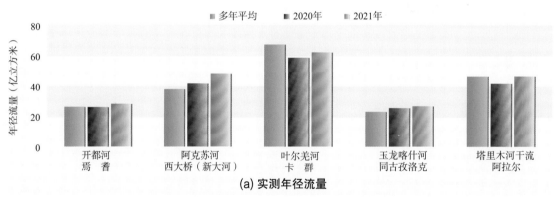

(a) 实测年径流量

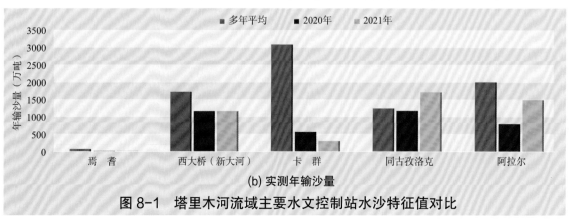

(b) 实测年输沙量

图 8-1　塔里木河流域主要水文控制站水沙特征值对比

卡群水文站 2019 年 11 月上游 50 多公里的阿尔塔什水库开始蓄水，导致 2021 年输沙量大幅度减少，2021 年输沙量主要是由区间支流山洪沙峰产生的。

2. 径流量与输沙量年内变化

2021 年塔里木河流域主要水文控制站逐月径流量与输沙量变化见图 8-2。2021 年塔里木河流域焉耆站径流量和输沙量主要集中在 4—9 月，分别占全年的 68% 和 97%；其他站径流量和输沙量主要集中在 5—10 月，分别占全年的 78%～94% 和 92%～100%。

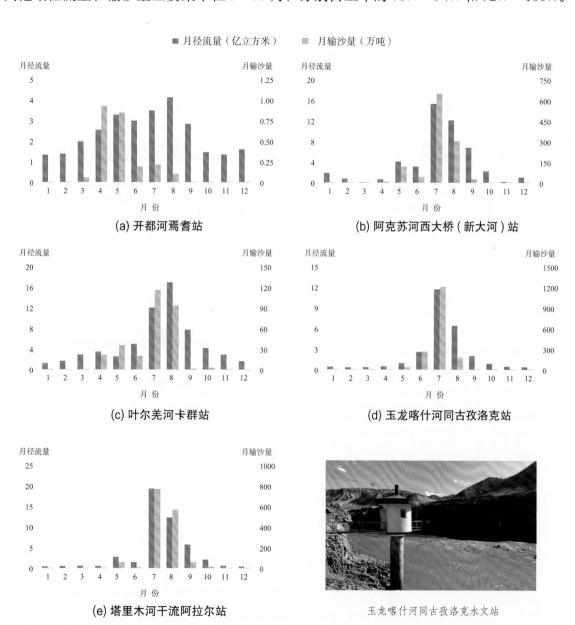

图 8-2　2021 年塔里木河流域主要水文控制站逐月径流量与输沙量变化

（二）黑河

1. 2021 年实测水沙特征值

2021 年黑河干流莺落峡站和正义峡站实测水沙特征值与多年平均值、近 10 年平均值及 2020 年值的比较见表 8-2 及图 8-3。

2021 年黑河干流莺落峡站和正义峡站实测径流量与多年平均值比较，均基本持平；与近 10 年平均值比较，两站年径流量分别偏小 15% 和 16%；与上年度比较，两站年径流量分别减小 12% 和 16%。

2021 年实测输沙量与多年平均值比较，莺落峡站和正义峡站分别偏小 98% 和 76%；与近 10 年平均值比较，两站年输沙量分别偏小 97% 和 65%；与上年度比较，两站年输沙量分别减小 92% 和 29%。

表 8-2 黑河干流主要水文控制站实测水沙特征值对比

水文控制站		莺落峡	正义峡
控制流域面积（万平方公里）		1.00	3.56
年径流量 （亿立方米）	多年平均	16.67 （1950—2020 年）	10.57 （1963—2020 年）
	近 10 年平均	20.57	13.23
	2020 年	19.83	13.15
	2021 年	17.42	11.05
年输沙量 （万吨）	多年平均	193 （1955—2020 年）	138 （1963—2020 年）
	近 10 年平均	102	95.9
	2020 年	42.4	46.8
	2021 年	3.30	33.4
年平均含沙量 （千克/立方米）	多年平均	1.15 （1955—2020 年）	1.31 （1963—2020 年）
	2020 年	0.214	0.356
	2021 年	0.024	0.303
输沙模数 [吨/（年·平方公里）]	多年平均	193 （1955—2020 年）	38.7 （1963—2020 年）
	2020 年	42.4	13.1
	2021 年	3.30	9.37

2. 径流量与输沙量年内变化

2021 年黑河干流莺落峡站和正义峡站逐月径流量与输沙量的变化见图 8-4。2021 年黑河干流莺落峡站和正义峡站径流量和输沙量主要集中在 5—10 月，径流量分别占全年的 78% 和 51%，输沙量分别占全年的 100% 和 60%。

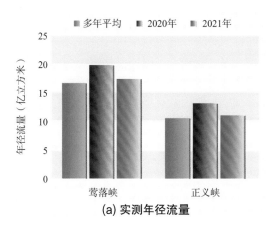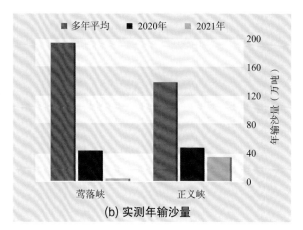

(a) 实测年径流量　　　　　　(b) 实测年输沙量

图 8-3　黑河干流主要水文站水沙特征值对比

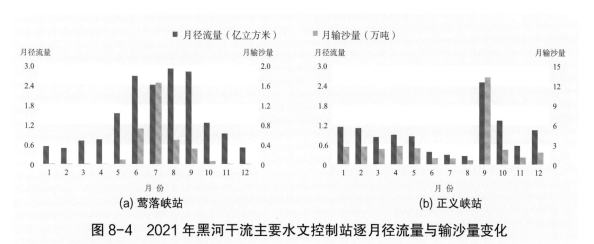

(a) 莺落峡站　　　　　　(b) 正义峡站

图 8-4　2021 年黑河干流主要水文控制站逐月径流量与输沙量变化

（三）疏勒河

1. 2021 年实测水沙特征值

2021 年疏勒河流域主要水文控制站实测水沙特征值与多年平均值、近 10 年平均值及 2020 年值的比较见表 8-3 及图 8-5。

2021 年疏勒河流域昌马河昌马堡站和党河党城湾站实测径流量与多年平均值比较，分别偏大 36% 和 8%；与近 10 年平均值比较，两站年径流量均基本持平；与上年度比较，昌马堡站年径流量增大 15%，党城湾站基本持平。

2021 年实测输沙量与多年平均值比较，昌马堡站偏大 36%，党城湾站偏小 54%；与近 10 年平均值比较，昌马堡站年输沙量偏大 9%，党城湾站偏小 43%；与上年度比较，两站年输沙量分别增大 291% 和 61%。

2. 径流量与输沙量年内变化

2021 年疏勒河流域昌马堡站和党城湾站逐月径流量与输沙量的变化见图 8-6。

表 8-3　疏勒河流域主要水文控制站实测水沙特征值对比

河　　　流	昌马河	党　河
水文控制站	昌马堡	党城湾
控制流域面积 (万平方公里)	1.10	1.43
年径流量 （亿立方米）　多年平均	10.29 (1956—2020 年)	3.734 (1972—2020 年)
年径流量 （亿立方米）　近 10 年平均	14.48	4.174
年径流量 （亿立方米）　2020 年	12.25	4.091
年径流量 （亿立方米）　2021 年	14.03	4.033
年输沙量 （万吨）　多年平均	348 (1956—2020 年)	73.0 (1972—2020 年)
年输沙量 （万吨）　近 10 年平均	433	58.3
年输沙量 （万吨）　2020 年	121	20.8
年输沙量 （万吨）　2021 年	473	33.4
年平均含沙量 （千克／立方米）　多年平均	3.38 (1956—2020 年)	1.96 (1972—2020 年)
年平均含沙量 （千克／立方米）　2020 年	0.987	0.509
年平均含沙量 （千克／立方米）　2021 年	3.37	0.891
输沙模数 [吨/(年·平方公里)]　多年平均	316 (1956—2020 年)	51.0 (1972—2020 年)
输沙模数 [吨/(年·平方公里)]　2020 年	110	14.5
输沙模数 [吨/(年·平方公里)]　2021 年	432	23.3

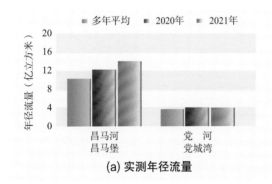

(a) 实测年径流量

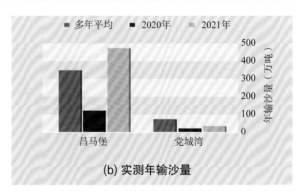

(b) 实测年输沙量

图 8-5　疏勒河流域主要水文站水沙特征值对比

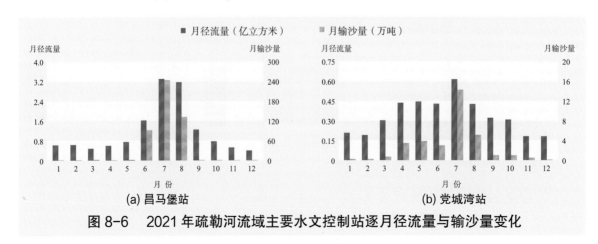

(a) 昌马堡站　　　　　　　　　　　　　　(b) 党城湾站

图 8-6　2021 年疏勒河流域主要水文控制站逐月径流量与输沙量变化

2021 年疏勒河流域昌马堡站和党城湾站径流量和输沙量主要集中在 5—10 月，径流量分别占全年的 76% 和 60%，输沙量分别占全年的 99% 和 84%。

（四）青海湖区

1. 2021 年实测水沙特征值

2021 年青海湖区主要水文控制站实测水沙特征值与多年平均值、近 10 年平均值及 2020 年值的比较见表 8-4 及图 8-7。

表 8-4　青海湖区主要水文控制站实测水沙特征值对比

河　　　流		布 哈 河	依克乌兰河
水文控制站		布哈河口	刚　　察
控制流域面积（万平方公里）		1.43	0.14
年径流量 （亿立方米）	多年平均	9.344 (1957—2020 年)	2.836 (1959—2020 年)
	近 10 年平均	16.24	3.627
	2020 年	17.16	3.580
	2021 年	11.61	3.093
年输沙量 （万吨）	多年平均	41.5 (1966—2020 年)	8.44 (1968—2020 年)
	近 10 年平均	66.6	9.75
	2020 年	55.0	6.48
	2021 年	31.2	5.69
年平均含沙量 （千克/立方米）	多年平均	0.439 (1966—2020 年)	0.295 (1968—2020 年)
	2020 年	0.320	0.181
	2021 年	0.269	0.184
输沙模数 [吨/（年·平方公里）]	多年平均	28.9 (1966—2020 年)	58.5 (1968—2020 年)
	2020 年	28.9	44.9
	2021 年	21.8	39.5

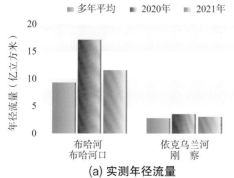

(a) 实测年径流量

(b) 实测年输沙量

图 8-7　青海湖区主要水文控制站水沙特征值对比

与多年平均值比较,2021 年布哈河布哈河口站和依克乌兰河刚察站实测径流量分别偏大 24% 和 9%,实测年输沙量分别偏小 25% 和 33%。与近 10 年平均值比较,2021年布哈河口站和刚察站年径流量分别偏小 29% 和 15%,年输沙量分别偏小 53% 和42%。与上年度值比较,2021 年布哈河口站和刚察站年径流量分别减小 32% 和 14%,年输沙量分别减小 43% 和 12%。

2. 径流量与输沙量年内变化

2021 年青海湖区主要水文控制站逐月径流量与输沙量的变化见图 8-8。2021 年青海湖区主要水文站径流量和输沙量主要集中在汛期 5—9 月,布哈河口水文站分别占全年的 86% 和 100%,刚察水文站分别占全年的 81% 和 99%。

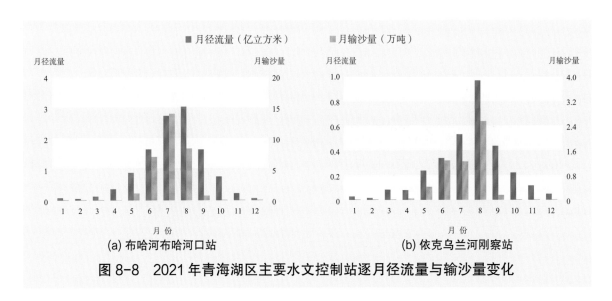

图 8-8 2021 年青海湖区主要水文控制站逐月径流量与输沙量变化

3. 湖区水位变化

根据青海湖下社水位站实测资料,2021 年青海湖水位呈持续上升趋势,下社站年平均水位为 3196.51 米,对应面积为 4528.1 平方公里,较上年年平均水位上升 0.17 米;年初水位为 3196.41 米,对应面积为 4521.9 平方公里,年末水位为 3196.48 米,对应面积为 4526.2 平方公里,年内水位上升 0.07 米。2021 年青海湖年初蓄水量为 896.0 亿立方米,年末蓄水量为 899.2 亿立方米,全年蓄水量增加 3.2 亿立方米。

三、典型断面冲淤变化

(一)布哈河布哈河口水文站断面

布哈河布哈河口水文站断面冲淤变化见图 8-9。2019—2021 年布哈河口水文站基下 177 米测验断面冲淤变化较大，河床中部变化小于两侧，总体呈现淤积—冲刷过程，高、中水位时主流摆动明显。2021 年较 2020 年断面普遍冲刷。

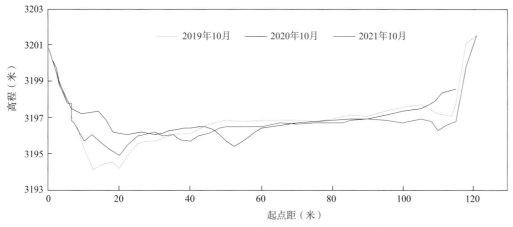

图 8-9 布哈河布哈河口水文站断面冲淤变化

（二）依克乌兰河刚察水文站断面

依克乌兰河刚察水文站断面冲淤变化见图 8-10。2013—2021 年刚察水文站基本测验断面有一定的冲淤变化，冲淤变化主要集中在靠右侧河床部分，左侧冲淤变化较小。与 2020 年相比，2021 年中部河槽淤积，右侧冲刷，左侧变化不大。

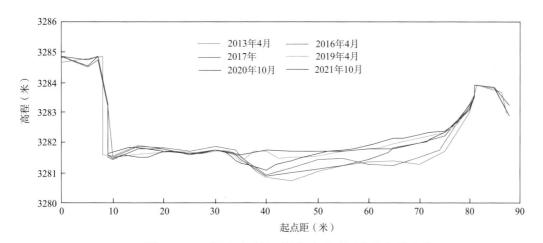

图 8-10 依克乌兰河刚察水文站断面冲淤变化